用 过 程 的 观 点 看 项 目 组 织 管 理

工程总承包管理必读

EPC PROJECT MANAGEMENT PERSONNEL: A PRIMER

李森 陈翔 等/著

中国建筑工业出版社

EPC One Project! One Team! One Goal!

前　言

自 20 世纪 80 年代始，我国开始探索实施工程总承包等项目管理模式，深化工程建设管理体制改革，加强与国际一流工程公司对标接轨，经过多年的政策引导和项目实践，我国在工程建设的实践中积累了丰富的经验，部分工程企业在融资能力、管理水平、技术水平、企业规模、市场占有率等方面明显改善，工程总承包能力显著提升，在国内外工程建设市场创造了不俗的业绩，特别是 2013 年国家"一带一路"倡议实施以来，国内工程企业积极参与境外工程项目的勘察、规划、设计、咨询、造价、监理、项目管理等工作，在国际市场承揽的工程项目规模屡创新高，已成为全球工程建设领域的主力军。

加强工程项目建设从业人员对工程项目管理的理解和认识，掌握工程建设项目管理的理论和方法，提高工程建设从业人员的能力和水平，对提升工程企业竞争力具有十分重要的意义，也是工程企业在国内外市场竞争中实现可持续发展、高质量发展的重要支撑。《工程总承包管理必读》一书立足于项目管理的经验总结与实践，对工程建设从业人员提升项目管理能力和技能水平具有较高的参考意义和实用价值。全书共五篇，第 1 篇工程项目管理、第 2 篇工程总承包项目管理程序、第 3 篇国际工程 HSE 管理、第 4 篇国际工程社会安全管理、第 5 篇工程总承包全过程管理实践。每篇相对独立但又彼此关联，项目管理的理念精髓贯通全书。通过对本书的学习可以使工程项目建设从业人员更好地了解工程建设项目管理的知识和方法，了解工程建设项目管理的基本内容和工作程序，获得理论与实践相结合的项目管理方法，并在实际工程项目管理过程中得以应用，提高工程项目管理水平。

《工程总承包管理必读》是由中国寰球工程有限公司原安全副总监李森和北京理工大学管理与经济学院副院长陈翔教授等著的实用性管理工具书，是校企产学研合作的有益尝试，也是在工程项目管理实践的基础上就如何贯彻执行国家标准《建设项目工程总承包管理规范》GB/T 50358—2017 和《建设项目工程总承包管理规范实施指南》的总结与提炼，旨在为工程项目建设从业人员提供参考、方法和思路，同时，通过教学、研究、培训、应用，将为企业项目管理和咨询创造更大的价值。

本书其他作者为高级工程师、国家注册安全工程师夏刚宁和教授级高级工程师、国家一级注册建造师、国家注册化工工程师孙复斌。

本书由王瑞、王善杰、张鸿超、李明双、林佐江、史春芳、杨柳、刘传刚、林海涛、沈建峰、马民、张涛进行了合规性审查。

在本书撰写过程中，得到了中国石油和化工勘察设计协会理事长、中国勘察设计协会副理事长、建设项目管理和工程总承包分会会长荣世立，中国勘察设计协会副秘书长汪祖进、副秘书长兼《中国勘察设计》杂志社社长郝莹、行业发展部主任侯丽娟，天津大学管理与经济学部工程管理系教授、博士生导师、天津大学国际工程管理学院院长张水波，中建一局集团建设发展有限公司董事长廖钢林、副总经理兼总工程师周予启，中国集团公司促进会创新设计工作委员会主任文杰，北京理工大学管理与经济学院和中国寰球工程有限公司等相关领导、专家和学者以及业界人士的大力支持，参考和引用了国内外相关学者的研究成果和文献，在此表示衷心的感谢。

  本书在撰写过程中，虽经反复推敲核证，仍难免有不妥或疏漏之处，敬请广大读者予以指正。

李 森 陈 翔

2022 年 7 月 16 日

目　录

CONTENTS

EPC

One Project! One Team! One Goal!

第 1 篇　工程项目管理

　　工程项目管理是项目各参建主体按照工程项目的特点和规律进行的一种科学的组织管理活动。 工程项目管理成功与否，对项目是否如期建成、投资和质量安全是否受控起着关键性作用。 本篇简要阐述了工程项目管理的重要性、国内外工程项目管理现状、项目管理咨询服务的重要意义、项目管理体系以及项目管理技术，重点阐述了咨询商的项目管理和承包商的项目管理与控制，并结合多年项目管理实践进行了思考与建议，供读者借鉴。

第**1**章
项目管理概述

1.1 工程项目管理的重要性

工程项目管理是项目业主或其他参建主体按照工程项目的特点和规律，进行的一种科学的组织管理活动。 根据建设项目参建主体所承担的角色（业主、咨询商、监理、承包商、分包商、供应商等）不同，工程项目管理的职能重点也不同。 其共性职能是：为保证项目在设计、采购、施工和试运行等各个环节的顺利进行，围绕安全、质量、工期、投资等控制目标，在项目集成管理、范围管理、时间管理、成本管理、质量管理、人力资源管理、沟通管理、风险管理、设计管理、采购管理、施工管理等方面所做的各项工作。其目的是通过对项目进行全过程、全方位的计划、组织、控制和协调，使工程项目在约定的时间和批准的预算内，按照质量安全要求，形成最终产品或成果。 工程项目管理对建设项目是否如期建成、投资是否处于受控状态、质量是否得到保证起着决定性作用。

1.2 国内外工程项目管理现状

在 20 世纪 60 年代末期和 70 年代初期，工业发达国家开始将项目管理的理论和方法应用于建设工程领域，并于 20 世纪 70 年代中期在大学开设了与工程项目管理相关的专业。 项目管理的应用首先在业主方的工程管理中，而后逐步在承包商、设计方和供货方中得到推广。 国际上，现代化工程项目管理发展以美国最具代表性。 20 世纪 80 年代，设计—施工总承包（DB）模式被列为联邦政府采购方式，这促使工程总承包进入快速发展时期。 在 2004 年，美国 16% 的建筑企业约有 40% 的合同额来自 DB 模式，工程总承包居前的企业，完成的国内外工程总承包营业额超过 500 亿美元。 美国政府的立法也对工程总承包具有巨大的推进作用，在 1972 年的布鲁克斯法案中，将设计—招标—建造（DBB）模式规定为基础设施的主要建造模式。 在 1996 年"联邦采购条例"中，规定公共部门采用 DB 进行联邦采购。 联邦政府和州政府的相关部门随后依此制定了相关采购法规，对 DB 模式的使用范围、程序及标准等进行了详细的规定，同时，以美国设计建造协会为首的行业协会编写了 DB 模式下的合同范本。

世界银行和一些国际金融机构要求接受贷款的国家应用项目管理的思想、组织、方法和手段组织实施工程项目。 这对我国从 20 世纪 80 年代初期开始引进工程项目管理起着重要的推动作用。 1982 年化工部印发了《关于改革现行基本建设管理体制，实行以设计为主体的工程总承包制的意见》，化工部直属设计单位借鉴国际上大型工程公司的经验，进行了功能性、体制性改革，建立了与工程总承包相适应的组织机构、管理队伍和人才队伍，努力创建国际型工程公司，取得了优异的成绩。 经过 30 多年的发展，石油和化工设计企业每年在国内外完成的工程总承包项目一直名列全国勘察设计行业前茅，中国寰球、SEI、中国天辰、中国成达、中国五环等企业已经成为我国勘察设计单位开展工程总承包的典范。 近几年来，建筑、电力、机械、冶金、水利水电、建材等行业年完成工程总承包合同额逐年递增，形成了良好的发展态势。

2016 年 2 月，中共中央、国务院印发了《关于进一步加强城市规划建设管理工作的若干意见》，明确提出要"深化建设项目组织实施方式改革，推广工程总承包制"。 2017 年 2 月，国务院办公厅印发了《关于促进建筑业持续健康发展的意见》，提出要"加快推行工程总承包""培育全过程工程咨询"。 住房和城乡建设部于 2016 年 5 月印发了《关于进一步推进工程总承包发展的若干意见》。 与此同时，浙江、上海、福建、广东、广西、湖南、湖北、四川、吉林等多个省市陆续开展了工程总承包试点，房屋建筑和市政行业的工程总承包市场不断扩大。

2017 年 5 月，住房和城乡建设部发布第 1535 号公告，对《建设项目工程总承包管理规范》GB/T 50358—2005 进行了修订，新版规范（GB/T 50358—2017）在原规范的基础上进行了优化梳理，从质量、安全、费用、进度、职业健康、环境保护和风险管理入手，并将其贯穿于设计、采购、施工和试运行全过程，全面阐述工程总承包项目管理的全过程。同时，配套出版了《建设项目工程总承包管理规范实施指南》，对提高我国建设项目工程总承包管理水平起到了积极的作用。

1.3　项目管理咨询服务的重要意义

工程项目业主必须对工程项目全过程进行管理，不仅要对项目的最终成果（质量、效益）负责，而且还要对项目全过程所有工作进行有效的控制。 随着科学技术和建设事业的不断发展，建设项目的规模越来越大，技术性、系统性越来越强，复杂程度越来越高，越来越多的业主自身已无力进行项目管理，需要有经验的专门组织提供咨询服务，代理其进行工程项目管理。 20 世纪 70 年代中期兴起了项目管理咨询服务，项目管理咨询商的主要服务对象是业主。 国际咨询工程师协会（FIDIC）于 1980 年颁布了业主方与项目管理咨询公司的项目管理合同条件，为推动工程项目管理咨询服务规范发展提供了基础保障。推动工程项目管理咨询服务，必将有效地促进建筑业深化改革，必将有利于行业转变发展方式，必将进一步完善工程建设组织模式，必将提高投资效益、工程建设质量和运营效率。

1.4　项目管理体系

项目管理体系是为实现项目目标，保证项目管理质量而建立的，由项目管理各个要素组成的有机整体。通常包括组织机构、职责、资源、程序和方法，从广义层面上来讲，一般包括项目管理知识体系、项目管理操作体系和项目管理评估体系。通过多年实践，目前国际、国内在项目管理知识体系和项目管理评估体系方面已取得不少成果，在推动项目管理从经验化走向科学化，提高项目管理水平方面发挥了积极的作用。但在项目管理操作体系方面，虽然国际、国内有关方面都在关注、探索和研究，但尚未完全形成完善的、系统的项目管理操作体系。

工程项目管理体系一般由四部分组成。一是项目管理的组织机构与规章制度，项目管理的组织机构涉及项目组织的原则、层次、岗位设置以及运行机制等；二是项目管理的职能职责文件、程序文件、作业指导文件等；三是应用于项目管理的软件，如项目管理集成系统软件等；四是项目管理的相关基础工作，如工程设计人员工时定额、工程项目进度基准、岗位工作手册等。这四部分是工程项目管理体系的支撑，工程项目应建立覆盖设计、采购、施工、试运行全过程的项目管理体系，提高项目实施的效率和效益。

1.5　项目管理技术

项目管理技术是用在项目管理中的那些相对独立、完整的专门技术和方法，包括赢得值、WBS 结构分解、网络计划技术、风险分析、决策树技术、项目进展评价技术等相关方法。本节重点介绍赢得值、WBS 结构分解、网络计划技术三种方法。

（1）赢得值

赢得值是一种能全面衡量工程进度、成本状况的整体方法，其基本要素是用费用代替工程量来测量工程的进度，它不以投入资金的多少来反映工程的进展，而是以资金已经转化为工程成果的量来衡量，是一种完整和有效的工程项目监控指标和方法。赢得值具有反映进度和费用的双重特性。采用赢得值管理技术对项目的费用、进度进行综合控制，可以克服费用、进度分开控制的缺点。

用赢得值管理技术进行费用、进度综合控制，基本参数有三项：

1）计划工作的预算费用（BCWS）；

2）已完工作的预算费用（BCWP）；

3）已完工作的实际费用（ACWP）。

在项目实施过程中，以上三个参数可以形成三条曲线，即 BCWS、BCWP、ACWP 曲线，其中 BCWP 即所谓赢得值，如图 1-1 所示。

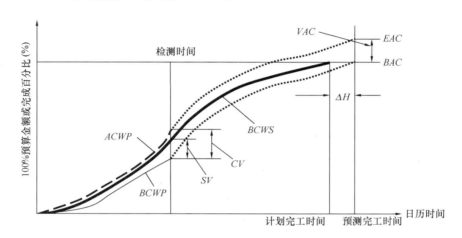

图 1-1　赢得值曲线图

注：图中符号参见本书附录。

采用赢得值管理技术进行费用、进度综合控制，可以根据当前的进度、费用偏差情况，通过原因分析，对趋势进行预测，预测项目结束时的进度、费用情况。

（2）WBS 结构分解

工作分解结构（WBS）是项目管理的核心所在，是把一个项目，按一定的原则分解，将项目分解成任务，任务再分解成一项项工作，再把一项项工作分配到每个人的日常活动中。工程项目 WBS 结构分解是在不同阶段和层面对项目的工作内容从主项、分项、子项甚至单体的各个部分，从基础设计、详细设计、施工图设计、建造、安装甚至调试各个阶段，从结构、配管、机械、电气、仪表等各个专业，进行不断地分解，把图纸与方案中的工作量转成 WBS 表格中所对应项目的具体工作内容，并随着项目实施的进度不断地细化，将整个项目的工作内容和总体目标分解为每一时段（月、周、天、时）和每一员工的具体任务，并将每一项任务与资源以及承担任务人的职责、权限有机地结合起来，保证项目控制目标的实现。

（3）网络计划技术

网络计划技术在我国已得到广泛应用。网络计划技术是用网络计划对任务的工作进度进行安排和控制，以保证实现预定目标和科学的计划管理技术。网络计划的基本方法是关键路径分析法（CPM），网络计划技术不仅能完整地表示出一个项目所包含的全部工作以及它们之间的关系，而且还能应用最优化技术，表示出整个项目的关键工作并合理地安排计划中的各项工作，便于预测和监控，以达到用最佳的工期、最少的资源、最好的流程、最低的费用完成项目的目标。

第2章

咨询商的项目管理

2.1　定义

项目管理咨询商的项目管理是指技术力量较强、有丰富工程管理经验的工程公司、项目管理公司或工程咨询公司，根据项目管理咨询服务合同要求，代表项目发包人对项目定义、策划和工程项目建设进行全面和全过程的项目管理和咨询，是业主项目管理的延伸。

2.2　工作范围

项目管理咨询商根据项目发包人的需要提供不同的服务模式，最常见的有咨询型项目管理服务、代理型项目管理服务、工程项目管理承包以及其他派生出来的各种服务模式。服务模式不同，其工作内容也不同。 实际上，咨询商为项目发包人提供的全过程管理和咨询服务不可能在一个合同下进行，而是按照项目所处阶段签订不同的服务合同。 为便于阐述，下面仅从项目阶段加以分析。

在定义阶段，项目管理咨询商的主要工作为：主持或参与可行性论证，对项目发包人建设方案进行优化；协助项目发包人进行项目融资；对项目风险进行优化管理，分散或减少项目风险；审查专利商提供的工艺包设计文件；提出项目统一遵循的标准、规范；组织/完成总体设计、基础设计；确定技术方案及专业设计方案；协助项目发包人完成政府部门对项目的相关审批工作；确定设备、材料的规格与数量；完成项目投资估算；编制承包商招标文件，对投标商进行资格预审，完成招标、评标工作；最终确定工程中各个项目的承包商。

在项目实施阶段，由中标的承包商负责进行详细设计、采购和施工等工作。 项目管理咨询商代表项目发包人负责对承包商的工作进行管理，直到项目完成，其主要工作为：编制并发布项目统一规定；进行设计管理、采购管理、现场施工管理；配合项目发包人进行生产准备、试运行、装置考核、验收；向项目发包人移交项目全部资料，配合项目发包人进行项目总结及后评价等工作。

2.3　项目组织机构

项目管理咨询服务合同签订后，项目管理咨询商组建项目部，任命项目经理，确定项目管理组织机构，明确组织内部职责分工，编制项目管理和策划文件，制定项目管理程序等。

项目部一般包括以下部门：控制部、设计管理部、采购管理部、施工管理部、试运行管理部、合同管理部、质量管理部、HSE 管理部（HSE 为 Health Safety and Environment 的简称）、文控部等。

项目部成员包括：项目经理、控制经理、设计经理、采购经理、施工经理、试运行经理、合同经理、质量经理、HSE 经理、信息文控经理等部门经理以及各部门管理人员。项目部成员构成见图 2-1。

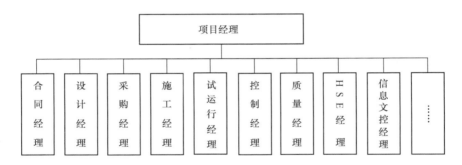

图 2-1　项目部成员构成示意图

项目部各职能部门按照组织内部职责分工，完成本部门的各项工作。

2.4　项目工作程序

项目部建立后，应针对项目的实际情况，依据项目管理咨询服务合同，编制项目总体规划和项目实施计划，报请项目发包人批准，项目总体规划和项目实施计划应明确项目目标、范围，确定项目管理的各项原则要求、措施和进程。咨询商项目管理工作程序见图 2-2。

项目总体规划由项目经理负责组织编制，项目总体规划应体现项目发包人对项目实施的要求及项目部对项目的总体规划和实施纲领。

　　　　　　　　　　　　　　　　　　　　工程总承包管理必读

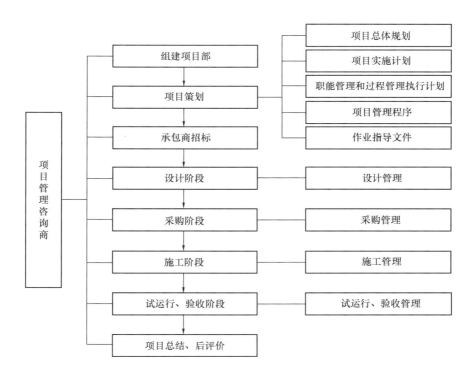

图 2 - 2　咨询商项目管理工作程序示意图

项目实施计划是实现项目目标的具体措施和手段，也是反映项目部落实项目发包人对项目管理的要求，项目实施计划应具有可操作性。

在项目管理实施过程中，项目管理咨询商需要制定完整的项目管理程序体系来规范项目参与各方的行为，使参与各方能够在同一平台上进行工作，使得项目管理工作有章可循，便于协调、沟通，提高工作效率。项目管理程序一般分为四级：

（1）项目实施计划——项目实施计划是项目管理咨询商实施项目管理工作的总体纲领，较为详细地定义了项目范围和目标，概述了项目管理咨询商完成这些目标的方法、项目组织及完成工作的关键过程。

（2）职能管理和过程管理执行计划——职能管理和过程管理执行计划对其工作范围、主要岗位职责及包括的活动进行详细描述，主要包括合同管理、设计管理、采购管理、施工管理、试运行管理、项目控制、质量管理、HSE 管理、信息文控管理等方面的执行计划。

（3）项目管理程序——项目管理程序是整个项目工作过程的主要执行文件，说明项目部整个项目所涉及的各方面工作流程和实施方法。

（4）作业指导文件——作业指导文件是对项目管理程序的进一步细化和说明，是为进一步满足操作层的需要而制定的文件。

2.5　EPC 招标工作

选择合适的承包商是建设项目成功的关键，项目管理咨询商要协助项目发包人进行承包商的招标工作，其主要工作和职责如下：

（1）根据项目管理咨询服务合同约定协助项目发包人进行承包商选定工作；

（2）对承包商的选定工作进行组织策划；

（3）编写承包商招标文件；

（4）确定评标委员会的人员组成；

（5）主持标前会议、开标、评标以及合同谈判工作；

（6）向项目发包人上报各类招标投标重要文件；

（7）向项目发包人上报评标结果；

（8）负责与投标人的各项联系工作。

承包商的招标工作要符合《中华人民共和国招标投标法》《中华人民共和国民法典》等有关法律、法规和规章的规定。

2.6　承包商管理

在通过招标工作选定承包商后，项目管理咨询商需要对承包商负责进行的详细设计、采购工作和施工工作，从进度、费用、质量和 HSE 等方面进行全面控制和管理。

（1）设计管理：详细设计由承包商完成，在详细设计阶段，项目管理咨询商要对详细设计工作进行全面管理，使其满足基础设计和项目合同的要求。详细设计阶段项目管理咨询商的项目管理工作如下：

1）依据项目总体规划和项目实施计划编制设计管理程序；

2）进行设计资料的确认；

3）定期检查详细设计的进度控制、费用控制和质量控制情况；

4）审查承包商提交的项目设计统一规定及关键设备的请购文件；

5）审查承包商提出的各类设计成果文件；

6）进行详细设计变更管理，传达项目发包人提出的设计变更，审查承包商提出的设计变更。

（2）采购管理：承包商依据合同约定进行采购工作，项目管理咨询商要通过建立项目物资采购管理计划，对承包商的采购工作进行管理和控制，确保物资及时供应。 其主要职责如下：

1）依据项目总体规划和项目实施计划编制物资采购管理计划；

2）协助项目发包人完成甲方供货的采购工作；

3）审查承包商的采购程序文件和作业文件；

4）审查承包商选择的合格供应商，并上报项目发包人批准；

5）进行采购物流管理，监督检查承包商的采购过程和结果。

（3）施工管理：项目施工阶段是将设计要求变成项目实体的过程，是项目建设的重要阶段。 项目管理咨询商代表项目发包人管理和监督承包商的施工工作，使其进度、费用、质量和 HSE 达到预定的目标，其主要职责如下：

1）依据项目总体规划和项目实施计划编制施工管理程序；

2）协助项目发包人完成施工开工前的准备工作，审查承包商的开工准备；

3）审核承包商提交的施工计划、施工组织设计；

4）审查承包商的施工分包工作，检查现场的执行情况，处理施工变更事宜；

5）重视项目风险管理，审查承包商上报的风险管理文件。

（4）费用控制：项目的费用管理是项目管理咨询商代表项目发包人管理项目的一项重要工作，项目管理咨询商应根据项目的具体情况及特点，在项目策划及设计、采购、施工、试运行等各阶段对项目的费用进行管理，将项目费用控制在目标成本之内，保证项目费用管理目标的实现。 其主要职责如下：

1）编制或组织编制项目的投资概算，报项目发包人批准；

2）编制项目投资控制目标和投资控制计划，报项目发包人批准；

3）对投资控制计划的执行情况进行跟踪管理，定期检查投资控制计划的实施效果；

4）定期向项目投资人汇报费用控制管理工作；

5）审核承包商提交的各项工程款支付申请，合格后签字，并上报项目发包人；

6）协助项目发包人完成工程的计算和决算工作；

7）编制费用管理控制工作的总结报告。

2.7 试运行和验收管理

试运行是工程建设的重要一环，通过试运行来考察项目各项功能技术指标是否达到了设计的预定要求，为项目的安全、持续、稳定运营做好准备。

工程验收要全面考察工程的质量，考核承包商的设计、采购和施工成果是否达到了项目发包人的要求，保证工程质量符合设计要求和国家相关法规的规定，保证工程竣工资料和档案资料的齐全完整，防止不合格工程的交付使用。

试运行和验收管理阶段项目管理咨询商的主要职责：

（1）依据项目总体规划和项目实施计划编制试运行与验收管理程序；

（2）审查承包商提交的试运行计划，协助项目发包人编制试运行方案，配合项目发包人完成试运行组织管理工作；

（3）协助项目发包人对总承包项目进行工程验收，对工程验收中的技术、质量问题提出处理意见；

（4）督促承包商整理竣工文件，审核并及时组织竣工文件的移交；

（5）协助项目发包人完成竣工验收的申请工作，协调与政府部门的关系。

2.8 项目总结报告

工程项目竣工投产后，项目管理咨询商应根据合同要求协助项目发包人对项目情况进行全面、系统的总结，出具总结报告。总结报告内容如下：

（1）前期决策总结：归纳项目立项的依据、决策的过程和目标、项目评估和可行性研究批复情况；

（2）项目实施准备工作总结：简述工程勘察设计、资金筹措、采购招标、征地拆迁和开工准备情况；

（3）项目建设实施总结：重点说明项目实施期间的组织管理模式、合同执行与管理情况、工程设计变更情况、项目投资管理情况、工程质量控制情况、竣工验收情况；

（4）项目经验、教训、结论和建议：通过对项目实施过程的回顾和总结，找出项目的主要经验与教训。

2.9 后评价报告

建设项目竣工投产后，一般经过一段时间的生产运营，要进行一次系统的项目后评价，对项目的目标、执行过程、效益、作用和影响，进行系统地、客观地分析和总结。通过对投资活动实践的检查总结，确定投资预期的目标是否达到，项目的主要效益指标是否实现。项目后评价包括项目建设目标后评价，项目效果和效益后评价，项目环境影响和社会效益后评价，项目可持续性后评价，项目管理后评价，主要经验教训、结论和相关建议。

项目后评价报告是评价结果的汇总，是反馈经验教训的重要文件；通过建设项目的后评价以达到总结经验、研究问题、吸取教训、提出建议、改进工作、不断提高项目决策水平和投资效果的目的。

项目后评价报告由项目发包人负责完成，项目管理咨询商协助完成相关内容。

第 **3** 章
承包商的项目管理与控制

3.1 现代项目管理与控制的理论基础

由于工程项目管理在经济活动中的广泛性和重要性，为有效地管理和控制庞大而复杂的工程建设项目，迫使人们广泛应用各种现代的科学研究成果和技术手段，发展工程建设项目管理的现代模式和方法。工程项目管理实践证明，系统工程学、控制论和信息论已是现代工程项目管理的主要理论基础。

（1）系统工程学在工程项目管理中的应用，主要是：把工程建设的设计、采购、施工和试运行，按照工程建设项目的内在规律，有序地合理交叉，形成网络计划；有一套系统的、严密的项目管理程序；工程建设项目各种管理因素有机的和最佳的结合。

（2）控制论在工程项目管理中的应用，一般描述为计划＋监督＋纠正措施＝控制。对工程项目的控制，主要指对费用、进度和质量的控制。项目控制的运行是动态的、循环的，直至项目完成，实现项目目标。

（3）信息论在工程项目管理中的应用，主要是：建立项目管理的综合信息处理中心、统一的资源共享数据库；将在项目管理过程中产生的各种信息流输入信息处理中心，计算机系统、高速、准确地输出经过规定程序处理过的最新情报；由计算机作出各种适用于不同目的的分类报告，使管理者能及时作出正确的决策和指令。没有现代化的信息系统，要实现工程建设项目的现代化管理是难以想象的。

3.2 项目管理

（1）工作范围

业主与承包商对合同中约定的项目工作范围进行的定义、计划、控制和变更等活动。

（2）项目管理组织机构

矩阵式管理是最常见的项目管理组织结构形式，项目成立之后，承包商任命项目经理，项目经理组建项目部。项目经理根据项目的需要设立项目管理组织和岗位，项目部人员根据项目的范围、规模和复杂程度而定。项目部人员由专业职能部门委派，在项目实施过程中，项目部人员接受项目经理和职能部门的双重管理，项目的工作任务由项目经理下达，工作程序和技术支持由专业部门保障。两者相互融合，最终达到资源优化配置，提高效益的目的。

在建立项目管理组织机构时应遵循以下原则：

1）有利于有效实现承包商的项目目标；

2）有利于项目实施；

3）有利于进行项目管理和相互沟通与协作；

4）有利于实行项目经理负责制；

5）有利于发挥承包商内部优势。

项目部可根据合同范围以及项目的具体情况在项目经理以下设置现场经理、控制经理、合同经理、设计经理、项目工程师、工艺经理、采购经理、施工经理、试运行经理、财务经理、质量经理、HSE 经理、商务经理、行政经理等职能经理和进度控制工程师、质量工程师、HSE 工程师、合同管理工程师、费用控制工程师、材料控制工程师、信息管理工程师和文件管理控制工程师等管理岗位。 根据项目具体情况，相关岗位可进行调整。承包商项目管理组织机构见图 3－1。

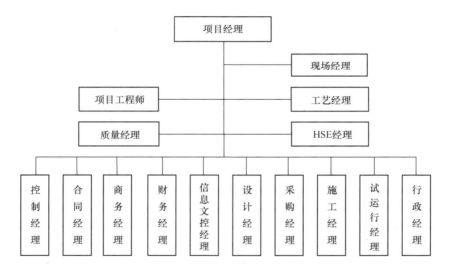

图 3－1　承包商项目管理组织机构示意图

（3）项目管理工作程序

按工程总承包合同要求制定项目管理工作程序。 项目管理工作程序应对应项目生命周期制定，项目生命周期分为四个阶段：启动阶段（启动过程）；初始阶段（策划过程）；实施与控制阶段（设计、采购、施工、试运行）；收尾阶段（收尾过程）。 不同阶段有不同的控制重点。

启动阶段：在工程总承包合同条件下任命项目经理，组建项目部。

初始阶段：组织项目策划、编制项目计划、召开开工会议；发布项目协调程序、设计基础数据和工程统一规定；编制设计计划、采购计划、施工计划、试运行计划、质量计划、财务计划和安全管理计划、确定项目控制基准等。

设计阶段：编制基础设计文件，进行设计审查；编制详细设计文件。

采购阶段：采买、催交、检验、运输、与施工办理交接手续。

施工阶段：施工开工前的准备工作、现场施工、竣工验收、移交工程资料、办理管理权移交、进行竣工结算。

试运行阶段：对试运行进行指导与服务。

收尾阶段：开展合同收尾与相关管理收尾，总结经验和教训，评价项目执行效果，为以后的项目提供参考。

设计、采购、施工、试运行、收尾等各阶段可合理进行交叉。科学合理的交叉，可以有效缩短建设周期，降低工程造价，为项目发包人和承包商创造更好的经济效益。但进行合理交叉时应注意风险防范，交叉的深度应根据机会大于危险的程度来确定。

承包商项目管理工作程序见图3-2。

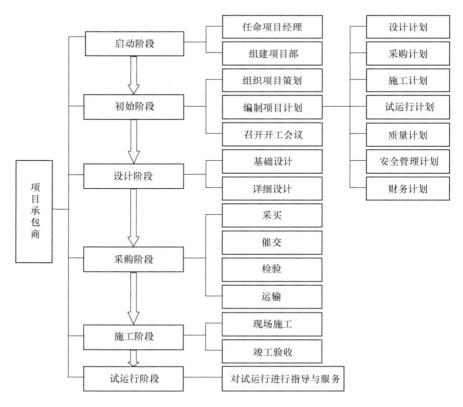

图3-2　承包商项目管理工作程序示意图

（4）设计管理

工程设计是整个工程建设的先行和关键，在工程建设中处于主导地位。建设项目一般按基础设计和详细设计两个阶段进行，技术复杂的项目，可按总体设计、基础设计、技术设计和详细设计四个阶段进行。

项目设计工作由设计经理负责，在项目实施过程中，设计经理接受项目经理和公司设计管理部门的双重管理。设计经理根据项目实际情况，适时组建项目设计组，并对设计组实行矩阵式管理。设计人员来自公司专业设计部门，在项目中每一个专业均设专业负责人。派往设计组的专业人员在技术、质量、标准和方法等方面接受专业部门的领导，并从各专业部门得到支持，在与项目实施有关的工作范围、进度要求、工作程序和专业之间协调等方面，直接接受设计经理的领导。

设计执行计划是项目设计的重要管理文件，设计执行计划由设计经理组织编制，由项目经理批准实施。

设计组应严格执行已批准的设计执行计划，按照项目协调程序，对设计进行协调管理，确保设计工作与采购、施工有序衔接。编制基础设计文件时，应当满足编制施工招标文件、主要设备材料订货和编制详细设计文件的需要。编制详细设计文件，应当满足设备材料采购、非标设备制作和施工以及试运行的需要。

设计经理应定期组织检查设计执行计划的执行情况，分析进度偏差，制定有效措施。设计进度的控制点一般包括下列内容：

1）设计各专业间的条件关系及其进度；

2）基础设计完成和提交时间；

3）关键设备和材料请购文件的提交时间；

4）设计组收到设备、材料供应商最终技术资料的时间；

5）进度关键路线上的设计文件提交时间；

6）详细设计完成和提交时间；

7）设计工作结束时间。

设计组应按设计变更管理程序和规定，严格控制设计变更。设计经理及各专业负责人应根据规定，收集、整理设计图、资料和有关记录，在全部设计文件完成后，组织编制项目设计文件总目录并存档。在全部设计工作完成后，应编制设计完工报告，在项目总结中进行设计工作总结，将项目设计的经验与教训反馈给公司有关职能部门。

（5）采购管理

项目采购管理由采购经理负责，在项目实施过程中，采购经理接受项目经理和公司采购管理部门的双重管理。采购经理根据项目实际情况，适时组建项目采购组。采购组内一般设采购经理、采买工程师、催交工程师、检验工程师、运输工程师和仓储管理等岗位，根据需要也可增设采购协调员、催检协调员、材料控制工程师、采购合同管理和采买秘书等岗位。根据项目具体情况，采购组相关岗位可相互兼任。采购工作一般按以下程序实施：

1）根据项目采购策划，编制项目采购执行计划；

2）采买；

3）对所订购的设备、材料及其图纸、资料进行催交；

4）依据合同约定进行检验；

5）运输与交付；

6）仓储管理；

7）现场服务管理；

8）采购收尾。

采购执行计划是项目采购阶段的指导性文件，一般由采购经理组织编制，项目经理批准后实施。

采购经理应定期对采购执行计划的实施进行管理和监控，发生偏差时，及时采取纠正措施，如发现重大偏差，及时调整执行计划，并按照规定进行审批。采购组可根据采购工作的需要对采购工作程序及其内容进行调整，同时，在实际采购过程中，采购组应注意与其他工作组间的工作关系，按时向设计组提供报价方的技术报价文件；按时向施工组提供设备、材料供应计划，到货状态报告，库存状态报告等供货信息。

（6）施工管理

项目施工管理一般是由公司施工管理部门向项目部派出施工经理及施工管理人员，在项目执行过程中接受派遣部门和项目经理的管理，在满足项目矩阵式管理要求的形式下，实现项目施工目标管理。工程总承包项目施工管理通常有两种模式：第一种是由公司直接组织施工（这种情况实际不多见，一般工程公司并没有施工队伍）；第二种是将施工工作分包。

公司直接组织施工时，项目施工管理主要包括以下内容：

1）进行项目施工管理规划；

2）对施工项目的生产要素进行优化配置和动态管理；

3）施工过程管理；

4）安全、职业健康、环境保护、文明施工和绿色建造管理等。

公司将施工工作进行分包时,项目施工管理主要包括以下内容:

1)选择施工分包商;

2)对施工分包商的施工方案进行审核;

3)施工过程的质量、安全、费用、进度、职业健康和环境保护以及绿色建造等控制;

4)协调施工与设计、采购、试运行之间的接口关系;

5)当有多个施工分包商时,对施工分包商间的工作界面进行协调和控制。

施工执行计划是对项目施工在技术、组织、人力、物力、时间和空间等方面所做的全面合理的安排,是依据合同确定的各项施工要求,用来指导施工项目全过程活动的技术、经济和组织的综合性文件。 施工执行计划由施工经理负责组织编制,经项目经理批准后实施。

无论采取何种模式,施工组都应严格执行施工执行计划,根据施工执行计划,加强施工进度控制、施工费用控制、施工质量控制和施工安全管理。 同时,项目应严格控制施工过程中有关工程设计和施工方案的重大变更,这些变更对施工执行计划将产生较大的影响。

(7)试运行管理

项目试运行管理由试运行经理负责,试运行经理可适时组建试运行组。 在试运行管理和服务过程中,试运行经理接受项目经理和公司试运行管理部门的管理。 项目部的试运行管理一般包括项目初始阶段的试运行策划(编制试运行执行计划)、设计阶段的设计图纸审查、提出试运行要求、进行风险分析、编制试运行文件、人员培训、运行过程指导与服务等工作。

试运行执行计划由试运行经理负责组织编制,经项目经理批准、项目发包人确认后组织实施。

试运行工作一般由项目发包人负责组织实施,项目部负责试运行技术指导服务。 在试运行实施阶段,试运行经理应依据合同约定,负责组织或协助发包人编制试运行方案,并按照方案组织或协助项目发包人开展试运行工作,直至满足合同考核指标要求。

(8)项目收尾管理

项目收尾是项目生命周期的最后阶段,一般包括竣工验收、项目结算、项目总结、考核与审计等方面的内容。 项目收尾由项目经理组织实施,多部门联动开展。 在项目竣工验收方面,一般由业主方组织开展,承包商项目经理应组织开展承建工程项目自评,及时向业主方提交竣工工程申请验收报告;在项目结算方面,项目经理应按照合同约定和工程价款结算的规定，及时组织编制并向业主方提交结算报告及完整的结算资料，经双方确认后，按照有关规定办理项目结算；在项目总结方面，项目经理应及时组织相关人员进行项目总结并编制项目总结报告，重点包括项目的目标及其实现程度、项目完成的工程量、项目消耗的资源、项目实施情况和主要影响因素等；在考核与审计方面，项目经理应组织对本项目合作的设计分包商、施工分包商和设备材料供应商的表现进行评价并反馈给企业相关部门，以方便企业其他项目借鉴本项目的经验、教训。 对于能力不满足或者工作不配合的设计分包商、施工分包商和设备材料供应商，项目部要建议企业根据相关规定进行处置。

（9）合同管理

工程项目合同管理包括工程总承包合同和分包合同管理。 工程总承包合同管理是对合同订立并生效后所进行的履行、变更、违约、索赔、争议处理、终止或结束的全部活动的管理。 工程总承包合同管理一般包括下列内容：

1）接收合同文本并检查、确认其完整性和有效性；

2）熟悉和研究合同文本，了解和明确项目发包人的要求；

3）确定项目合同控制目标，制定实施计划和保证措施；

4）检查、跟踪合同履行情况；

5）对项目合同变更进行管理；

6）对合同履行中发生的违约、索赔和争议处理等事宜进行处理；

7）对合同文件进行管理；

8）进行合同收尾。

分包合同管理主要是对分包项目的招标、评标、谈判、合同订立以及生效后的履行、变更、违约、索赔、争议处理、终止或结束的全部活动的管理。 分包合同管理一般包括下列内容：

1）明确分包合同的管理职责；

2）分包招标的准备和实施；

3）分包合同订立；

4）分包合同实施监控；

5）分包合同变更处理；

6）分包合同争议处理；

7）分包合同索赔处理；

8）分包合同文件管理；

9）分包合同收尾。

分包合同预定的目标和要求要与工程总承包合同的目标和要求相适应，工程总承包企业合同管理部门及项目部依据工程总承包项目合同，对工程范围、内容以及各目标要求进行分解，确定分解的工程范围和内容以及目标要求，形成分包合同的约定，通过对各分包合同的管理和监控，达到分包合同目标，从而最终完成工程总承包项目合同的约定。

（10）风险管理

项目风险存在于项目的各个阶段、各实施过程，不同阶段、不同过程项目风险的种类、影响程度和应对策略也不相同。项目部应依据工程总承包合同性质、项目地点、规模和特点、项目风险状况以及公司风险管理规定与要求，编制项目风险管理计划，建立项目风险管理组织机构，明确各岗位风险管理职责与要求，并对项目全过程的风险管理进行统一组织、协调。

项目风险管理计划是项目整体计划的重要组成部分，项目风险管理计划主要包括下列内容：

1）确定项目风险管理的目标、范围、组织、职责与权限、负责人；

2）项目特点与风险环境的分析；

3）项目风险识别与风险分析的方法、工具；

4）项目风险的应对策略；

5）项目风险可接受标准的定义；

6）项目风险管理所需资源和费用估算；

7）有关项目风险跟踪记录的要求。

项目应依据项目风险管理计划和合同约定，组织开展风险识别、风险评估和风险控制。项目风险识别的任务主要是识别项目实施过程中主要存在哪些风险，通常采用专家调查法、初始清单法、风险调查法等方法进行风险识别，其主要工作一般包括收集与项目风险有关的信息；确定风险因素；编制项目风险识别报告。在风险识别结果的基础上，组织对项目风险进行评估，一是利用已有数据资料和相关专业方法分析各种风险因素发生的概率；二是分析各种风险的损失量，包括可能发生的工期损失、费用损失，对工程的质量、功能和试用效果等方面的影响；三是根据各种风险发生的概率和损失量，确定各种风险的风险量和风险等级。在项目实施过程中，结合风险评估结果，对项目风险实施动态管理和控制，规避和减少各种风险因素对项目的影响。

3.3　项目控制

项目控制是对计划执行情况进行监督和检查，及时发现问题，采取干预措施，纠正偏差，以确保原定目标的顺利实现。

（1）项目计划进度控制

项目部应建立进度管理体系，在满足项目合同以及国家现行有关法律法规所规定的质量、安全、职业健康和环境保护要求的前提下，按照合理交叉、相互协调、资源优化的原则，对项目进度进行统筹控制。 在进度控制人员组织方面，应以项目经理为责任主体，由项目控制经理、设计经理、采购经理、施工经理、试运行经理及各层次的项目进度控制人员共同参加，项目日常进度管理由项目进度控制工程师负责。

项目进度管理要按照项目工作分解结构逐级管理，通过控制项目最基本活动的进度来达到控制整个项目的进度，如通过设计文件清单将设计进度控制到设计图纸，通过采购工作包计划将采购工作进度控制到采购工作包，通过施工作业计划将施工进度控制到施工作业包等。 项目基本活动的进度控制一般采用赢得值管理技术和网络计划技术，利用网络计划技术编制项目的进度计划，采用赢得值管理技术对项目的进度通过计划、检查、比较、分析和纠偏等方法和措施进行动态控制。

项目进度计划应严格依据合同要求的工作范围和进度目标，按照上一级计划控制下一级计划，下一级计划深化分解上一级计划的原则进行编制，通常的进度计划分为四个层级。

一级计划：里程碑计划，用于控制项目总体进度。

二级计划：项目总体进度计划，用于控制工程设计、采购、施工和试运行过程中的主要控制点。

三级计划：详细控制计划，用于详细控制设计、采购、施工和试运行中的控制点。

四级计划：项目作业计划。

在项目实施过程中，项目控制人员应对进度实施情况进行跟踪、数据采集，并根据进度计划，优化资源配置，采用检查、比较、分析和纠偏等方法和措施，对计划进行动态控制。 当项目活动进度拖延时，项目部应按合同变更程序进行计划工期的变更管理。 项目计划工期的变更应符合下列规定：

1）该项活动负责人应提出活动推迟的时间和推迟原因的报告；

2）项目进度管理人员应系统分析该活动进度的推迟对计划工期的影响；

3）项目进度管理人员应向项目经理报告处理意见，并转发给费用管理人员和质量管理人员；

4）项目经理应综合各方面的意见作出修改计划工期的决定；

5）修改的计划工期大于合同工期时，应报项目发包人确认并按合同变更处理。

（2）项目费用控制

费用控制是工程总承包项目费用管理的核心内容，公司应建立项目费用管理系统以满足工程总承包管理需要。项目部应设置费用估算人员和费用控制人员，负责编制工程总承包项目费用估算，制定费用计划，实施费用控制。项目估算的编制依据主要包括项目合同、工程设计文件、公司决策、有关的估算基础资料、有关的法律文件和规定。在项目实施过程中，通常会编制初期控制估算、批准的控制估算、首次核定估算和二次核定估算。项目费用控制计划由控制经理根据项目费用估算、工作机构分解和项目进度计划组织编制。项目费用计划是费用控制的依据和执行的基准文件。

工程项目的费用控制是与费用估算相结合的动态过程，项目部应采取目标管理的方法对项目实施期间的费用发生过程进行控制。费用控制的主要依据有：

1）项目费用计划；

2）工程进度报告；

3）工程变更报告（单）。

费用控制是一个动态的过程，是一个确立目标、动态跟踪、检查比对、分析纠偏和目标调整的过程，对费用的控制应体现在项目建设的全过程中。项目部应根据项目进度计划和费用计划，优化配置各类资源，采用动态管理的方法对费用进行控制，最终将费用控制在批准的预算范围之内。费用控制动态管理应遵循以下基本原则：

1）详细了解工程项目的性质、范围和任务要求，明确工作条件，特别是限制性条件；

2）要满足合同的技术和商务要求，按照进度计划完成工作量，并在批准的控制预算内尽量降低费用；

3）根据各阶段控制估算的要求，采用跟踪、检查、对比、分析、纠偏、预测等手段，对可能发生和已经发生的费用变化进行修正和调整，使项目在严格控制下实施；

4）项目费用管理应建立并严格执行项目费用变更控制程序，包括变更申请、变更批准、变更实施和变更费用控制，只有经过规定程序批准后，变更才能在项目中实施。

在项目实施过程中，费用控制一般采用赢得值管理技术测定工程总承包项目的进度偏差和费用偏差，进行费用、进度综合控制，并根据项目实施情况对整个项目竣工时的费用进行预测。项目费用控制部门应不断地对认可的预计费用和执行中实际发生的费用进行评价，即在设计、采购、施工、试运行各阶段对费用实耗值和已完成工作量的预算值定期进行比较，以评估和预测其费用的执行效果。同时，项目费用控制部门应每月或按项目计划规定的时间向项目经理提交《项目费用执行报告》，及时向项目经理报告项目费用执行情况、存在的问题及原因，以及后续建议采取的措施。

现代大型工程项目要求采用科学的方法来实行项目的进度控制和费用控制。20 世纪 80 年代以来，国际上知名的承包商普遍采用"赢得值原理"对项目执行效果进行评价，对项目进行进度/费用综合控制，从而使工程建设的经济效益显著提高。这已成为衡量承包商项目管理水平和项目控制能力的重要标志，国际上越来越多的业主出于自身利益的考虑，也都要求工程公司用赢得值原理对项目进行管理和控制。

（3）项目质量控制

项目质量控制是项目管理的一个重要组成部分，自始至终贯穿于项目全过程的管理之中，项目质量控制应按以下程序进行：

1）明确项目质量目标；

2）建立项目质量管理体系；

3）实施项目质量管理体系；

4）监督检查项目质量管理体系的实施情况；

5）收集、分析和反馈质量信息，并制定纠正措施。

项目部设专职质量管理人员（包括质量经理、质量工程师），在项目经理的领导下负责项目的质量控制工作。在项目策划过程中，项目质量经理组织编制质量计划，项目部根据项目质量计划对设计、采购、施工和试运行阶段接口的质量进行重点控制。

在设计与采购阶段的接口关系中，对下列主要内容的质量实施重点控制：

1）请购文件的质量；

2）报价技术评审的结论；

3）供应商图纸的审查、确认。

在设计与施工阶段的接口关系中，对下列主要内容的质量实施重点控制：

1）施工向设计提出要求与可施工性分析的协调一致性；

2）设计交底或图纸会审的组织与成效；

3）现场提出的有关设计问题的处理对施工质量的影响；

4）设计变更对施工质量的影响。

在设计与试运行阶段的接口关系中，对下列主要内容的质量实施重点控制：

1）设计满足试运行的要求；

2）试运行操作原则与要求的质量；

3）设计对试运行的指导与服务的质量。

在采购与施工阶段的接口关系中，对下列主要内容的质量实施重点控制：

1）所有设备、材料运抵现场的进度与状况对施工质量的影响；

2）现场开箱检验的组织与成效；

3）与设备、材料质量有关问题的处理对施工质量的影响。

在采购与试运行阶段的接口关系中，对下列主要内容的质量实施重点控制：

1）试运行所需材料及备件的确认；

2）试运行过程中出现的与设备、材料质量有关问题的处理对试运行结果的影响。

在施工与试运行阶段的接口关系中，对下列主要内容的质量实施重点控制：

1）施工执行计划与试运行执行计划的协调一致性；

2）机械设备的试运转及缺陷修复的质量；

3）试运行过程中出现的施工问题的处理对试运行结果的影响。

项目质量经理负责组织检查、监督、考核和评价项目质量计划的执行情况，定期收集质量信息，对出现的问题、缺陷或不合格，要召开质量分析会，找出影响工程质量的原因，并组织制定整改措施。

（4）项目安全控制

项目部应设置专职安全管理人员，在项目经理的领导下，具体负责项目安全工作。项目安全管理必须贯穿于设计、采购、施工和试运行各阶段。设计要满足项目运行使用过程中的安全以及施工安全操作和防护的需要，依规进行工程设计；项目采购要对自行采购和分包采购的设备、材料和防护用品进行安全控制；施工需要结合行业及项目特点，对施工过程中可能影响安全的因素进行管理；项目试运行前，需对各单项工程组织安全验收，制定试运行安全措施，确保试运行过程安全。

危险源及其带来的安全风险是项目安全管理的核心，工程总承包项目的危险源应从以下几个方面进行辨识：

1）项目的常规活动，如正常的施工活动；

2）项目的非常规活动，如加班加点、抢修活动等；

3）所有进入作业场所人员的活动，包括项目部成员、项目分包人、监理及项目发包人代表和访问者的活动；

4）作业场所内所有的设施，包括项目自有设施、项目分包人拥有的设施、租赁的设施等；

5）源于作业场所之外的危险源等。

在具体控制管理方面，项目部应根据项目危险源辨识和风险评价情况及项目安全管理目标，制定项目安全管理计划。

在安全管理计划实施方面，项目部应为实施、控制和改进项目安全管理计划提供资源；应逐级进行安全管理计划的交底或培训；应对安全管理计划的执行进行监视和测量，动态识别潜在的危险源和紧急情况，采取措施，预防和减少危险。当发生安全事故时，应立即启动应急预案，组织实施应急救援并按规定及时、如实报告。

（5）项目材料控制

项目材料控制是指由项目采购组对其所采购的设备、材料从合同交货地接运到出库移交的全过程控制管理工作，包括设备、材料的接运、开箱检验、入库、保管和发放等程序的控制。采购经理对项目材料控制负全责，由现场采购经理具体组织实施。

接运工作的主要任务是及时、准确、安全地在车站、码头、现场，从承运人处接收或提取货物并安全地运送到现场。设备、材料运至指定地点（仓库）后，由责任接运员对照送货单进行逐项清点，签收时应注明到货状态及其完整性，并及时填写材料接收报告，归入档案。接收工作一般包括以下主要内容：

1）核查货运文件；

2）数量验收；

3）外包装及裸装设备、材料外观质量、标识检查；

4）对照清单逐项核查随货图纸、资料，并进行记录。

开箱检验必须以合同为依据进行，按实际情况决定开箱检验工作范围和检验深度，如采购组已实施出厂检验，现场开箱检验则以外观检查为主，如需要且条件许可，可扩大检验范围和深度，直至全面品质检验。进口设备材料的开箱检验必须严格执行国家及商检机构颁发的有关法令、法规及规定，按照进口商品合同有关规定进行，凡列入商检机构实施检验的进口商品种类表的进口商品，必须在商检机构的监督下实施开箱检验。

仓库保管主要包括物资保管、技术档案、单据、账目管理、仓库安全管理等。经开箱检验合格的设备、材料，在资料、证明文件、检验记录齐全，具备规定的入库条件时，由验收负责人向仓库负责人提出入库申请，由仓库负责人验收后入库保管。保管工作要运用科学的方法以最小的费用、消耗，保证在保管期间内，不因时间因素、自然因素和人为因素的影响，造成物资的浮多短少、品种规格混淆、质量性能降低和损坏等。仓库管理员要严格遵守物资发放制度，按照施工组提交的用料计划，编制出库计划，落实搬运机具、人员和场地安排，确保准确、及时地发放合格物资，杜绝错发、漏发、重发等事故。施工剩余材料退库时，应填写材料退库单，收到退库材料后应及时做好台账、卡片的变更记录和文件归档。 工程完工后，现场多余设备、材料处理方案由材料控制工程师负责编制，采购经理审查，报项目经理批准后实施。

第**4**章
思考与建议

　　工程项目管理虽然已经在中国走过了 30 多年的探索、发展之路，但和国外先进水平相比，还存在较大差距。 总体而言，我国的工程项目管理发展还不够完善，法规不健全、项目发包方不成熟、工程企业总体实力偏弱等问题依然存在。 笔者结合多年的项目管理实践经验，提出建议列于 4.1~4.5 节中。

4.1 规范全过程工程项目管理

政府部门应充分发挥和运用法律、法规的手段，建立健全全过程工程项目管理的法律、法规和制度，培育和发展我国工程建设市场体系，确保工程项目从前期策划、勘察设计、工程施工到竣工验收等全过程都纳入法制轨道。要通过对现行法律、法规的充实与修改，把工程发包模式用法律形式固定下来，来创造更多的机会，优化更好的市场环境来实施工程项目管理。政府部门和行业管理机构要进一步加强对法律法规和项目管理知识的宣传，引导工程项目发包方、工程咨询商、工程承包商等单位加强行业自律。

4.2 深化体制改革与政策指导

坚持"政府引导、行业推动"的原则，持续完善相关法规政策，在法律法规中确立工程项目管理的法律地位，建立和完善全过程工程项目风险评估体系以及工程信用担保制度等，提升工程企业的积极性。充分发挥行业协会、学会等行业机构的联系与协作，了解中外工程项目管理的发展趋势和成功经验，加强鼓励具有较强竞争力和综合实力的工程企业实行优势互补，联合、兼并科研、设计、施工等企业，实行跨专业、跨地区重组，推动形成一批资金雄厚、人才密集、技术先进，具有科研、设计、采购、施工管理和融资等能力的大型工程企业。

4.3 培养高素质项目管理人才

高素质项目管理人才是工程企业的核心竞争力，工程企业必须确立人才资源是第一资源的观念，积极培养复合型、创新型等一专多能的人才队伍，除培养一批咨询设计和施工方面的技术专家外，还应着力培养一批优秀的项目经理、合同管理专家、投标报价专家、财务管理专家、融资专家、风险和保险专家等各类人才。在人才培养方面，要坚持尊重劳动、尊重知识、尊重人才、尊重创造的方针，坚持德才兼备原则，把品德、知识、能力和业绩作为衡量人才的主要标准，把促进发展与人才队伍建设紧密相连。

4.4   坚持以客户为中心的管理理念

工程企业以客户为中心的理念应贯穿于项目的整个生命周期。 客户资源是工程企业最重要的战略资源之一，是工程企业生存发展的前提和基础，拥有客户就意味着工程企业拥有了在市场中继续生存的理由，而留住客户是工程企业获得可持续发展的动力源泉。 工程企业应以客户满意为目标，与客户保持良好、有效的沟通，减少与客户之间的冲突，为客户提供优质服务。 在提高客户满意度的同时，也可以提高工程企业的声誉。

4.5   创新发展工程管理理念

坚持创新发展，掌握先进工艺技术和工程技术是工程企业生存和发展的基础。 工程企业必须将创新作为企业持续发展的原动力。 一是工程企业自身要坚持对传统的工艺技术不断进行改进和革新，了解和掌握最新的技术动向，注重与高校和科研单位合作共同开发新的工艺技术。 二是项目管理要坚持走信息化之路，积极推广项目管理计算机管理系统，应用项目管理软件对工程项目进行全过程管理，促进管理手段现代化，同时在项目管理实践中，不断开发适合企业需要的管理软件。 三是鼓励全员创新，在项目实践中，广泛开展小改小革、工艺流程创新、QC 小组、合理化建议等集纳众智的活动，助推项目优质高效履约。

第 2 篇　工程总承包项目管理程序

业主与承包商（工程总承包企业）签署合同。工程总承包企业法人任命项目经理，为了实现项目目标，由项目经理组建项目部并按工程总承包项目管理程序执行和落实。为使读者深入了解工程总承包项目管理程序，本篇从四个部分进行解读。第 1 部分 范围、领域及相关程序，即本篇第 5 章 范围、领域及相关程序；第 2 部分 活动和文件，由本篇第 6 章 项目管理原则和职能、第 7 章 项目执行阶段的职能描述、第 8 章 文件相关内容和责任、第 9 章 给业主方提供的服务，共 4 个章节组成；第 3 部分 职能，即本篇第 10 章 职责和义务；第 4 部分 文件，即本篇第 11 章 参照文件。本篇通过对第 5 章至 11 章内容的介绍，系统阐述活动和文件的统一是项目管理的实质和精髓。

第 5 章
范围、领域及相关程序

5.1 范围

工程总承包项目管理程序的范围是为了解释和描述工程项目管理过程中按国际惯例要求的项目活动和文件，以及定义相关组织的职能和职责。

5.2 适用领域

工程总承包项目管理程序适用于 EPC 国际/国内工程。在强制工程管理和市场多样化的环境下，各个工程项目可根据自身特性进行适应性修改。

工程总承包项目管理程序覆盖工程管理所有阶段、涉及主要项目管理人员。

5.3 其他相关程序

（1）质量体系手册。

（2）HSE 手册。

（3）合同评审和合同管理程序。

（4）费用控制程序。

（5）项目总体计划、计划控制和进度报告程序。

（6）项目组织机构和操作程序。

（7）分部组织机构和操作程序。

（8）部门组织机构和操作程序。

（9）现场组织机构和操作程序。

（10）项目协调程序（内/外）。

（11）项目文件控制程序。

（12）项目编码系统。

第6章

项目管理原则和职能

6.1　总述

业主与工程总承包企业签署合同。工程总承包企业法人任命项目经理，所有的工程实施责任都委托项目经理执行和落实。为了实现项目的工作目标，项目经理组建项目部（项目公司）。

项目经理直接对项目的实施负责。面对业主由项目经理代表项目部（项目公司）进行项目管理。

为了达到项目的目标，项目经理管理和协调所有的活动，包括内部的和外部的活动。只有在工程项目实施完成，合同终止后，项目经理的任务才算完成。

一个典型的 EPC 工程，项目部（项目公司）相关人员及其责任，将在第 10 章进行说明。

后续第 6.2 节重点描述了项目活动的管理原则和指导思想；第 6.3 节重点描述了项目管理活动的主要管理职能。其中，可以按惯例分为项目实施的三个相关的阶段，即：项目开工、项目实施、项目竣工。

6.2　项目管理原则和指导思想

项目管理原则和指导思想主要体现在以下方面：

（1）依据合同规定，对 HSE、质量、进度、费用和合同实行全面的工程管理；

（2）实施工程项目不是业主的最终目的，而是通过某种方式建立一个目标，委托项目部解决业主提出的问题；

（3）项目经理在各级项目管理人员的协助下，代表项目部来体现业主项目管理的指导思想；

（4）在合同所规定的工作范围内，达到工程总承包企业的利润目标；

（5）本着最优化合同实施原则，组织、协调、整合项目部（项目公司）的资源；

（6）提出合理的方案，采取切实有效的措施，保障项目顺利实施；

（7）寻求外部资源（顾问、公司等），以满足项目或项目实施所在国的特殊要求；

（8）项目实施涉及各个方面，包括财务、技术、商务、法律和组织纪律等；必须加强人力资源协调和控制，项目部关键管理人员，特别是项目经理以及项目高级管理人员必须有管理方面的、技术方面的相关技能。

6.3　项目管理职能

项目管理职能主要体现在以下方面：

（1）项目组织；

（2）与合作伙伴的协调（如有）；

（3）合同的履行和管理；

（4）与业主的协调；

（5）HSE；

（6）质量；

（7）详细计划和控制；

（8）预算和费用控制；

（9）总部活动的控制和管理；

（10）现场施工活动的控制和管理；

（11）统一输入和输出的界面管理。

项目管理职能是通过上述管理程序来体现的，是项目经理通过对各级管理人员的管理来实现的。

每一项职能，包括项目实施三个阶段的文件控制与管理要体现在工作流程中。

总部活动特指项目部在总部的设计、采购、施工准备等项目活动。

随着工程重点的转移，管理职能由工程总承包企业（总部）逐步转移到施工现场。

第 **7** 章
项目执行阶段的职能描述

7.1 项目开工阶段的职能描述

（1）项目组织和合作伙伴的协调

通过此项职能，项目经理进行所有的活动，即按合同要求进行项目管理。

与合作伙伴的协调：在项目实施过程中，业主要求承包商与其他伙伴合作。

在事先议定和选择的前提下，各种方案都有可能产生变更，包括工作范围、责任，甚至法律等各个方面。

针对工程较大、程序文件较多的工程项目，可以设置有管理资格的项目副经理／助理或专职协调人员，按相关程序进行协调管理，以便更好地实现工程管理目标。

1）项目部的建立和人力资源的配备

接到授标函后，项目经理组建项目部，并结合"项目备忘录"制定项目管理内容：

a. 项目经理确认项目副经理／助理、设计经理、采购经理、施工经理、试运行经理、文控经理和相应的协调员（包括行政、财务、人力资源、项目秘书等），以及项目五大管理人员（HSE管理人员、质量控制人员、进度计划控制人员、费用控制人员、合同管理人员）的任务；

b. 合同中参照的内容（业主的名称、地址、合同类型和合同总价、各个里程碑日期和工期等）；

c. 内部账号（项目编号），以便输入项目的费用和进度数据，使得项目的费用得到有效的控制；

d. 确定文控部是项目文件统一输入和输出的核心部门，项目秘书由文控部统一管理。

2）项目开始备忘录

项目开始备忘录是建立在合同要求和合同复阅、审查过程的基础上，传达项目各部门活动的重要文件。

该文件的目的主要是传达和指导如下内容：

a. 合同和合同文件详细规定以及相关的要求；

b. 项目的工作范围以及澄清和修改的内容；

c. 各个里程碑日期及其相关控制点；

d. 实施方案；

e. 界面条件；

f. 进度、费用控制与财务管理；

g. 行政后勤管理制度。

它包含业主合同要求的相关内容，并按项目文件颁发和分发。

3）基础设计文件的提交

项目经理签发项目开始备忘录后，设计经理协助项目经理对"基础设计文件"（合同文件及其附件、技术规范等）进行确认，并把相关文件分发到各个专业和相关职能部门，文控部配合。

各个专业和相关职能部门对基础设计文件进行检查，要及时提出意见。在必要情况下项目经理先组织召开一个内部开球会。

4）内部开球会

项目经理召开内部开球会是对"基础设计文件"进行一次彻底的检查。内容包括项目实施方案和合同文件要求及其特殊方面的内容。内部开球会由项目经理、项目副经理/助理、专业协调员、各部门（质量、进度、费用、设计、采购、施工、试运行、文控及其辅助服务行政、财务和法律）领导参加。

会议纪要及时分发。

内部开球会的作用是通过合同复阅、审查过程、质量计划的准备和计划编制来实现项目主计划。

5）基础设计数据

"基础设计数据"文件是由项目经理/项目副经理或设计经理主持项目部相关职能部门进行设计确认。包括勘察测量、地质、环境条件、原料、工作规范等和设计需要的编码以及采用的标准规范等。

设计确认要求相关专业协调员提出意见。

设计经理代表项目经理对所提出的意见进行收集和整理，并将整理的意见在规定的时间内提交给业主，业主批准后将用于项目实施。

6）项目程序和间接管理

项目部及其职能部门组织协调并起草项目程序文件。涉及的方面不应与工程总承包企业标准冲突或不同。

此活动是与业主的质量体系紧密相连的，特别是在项目质量计划的起草阶段。

工程总承包企业标准程序的间接管理：项目部事先要与工程总承包企业讨论并达成一致，且将其质量计划作为项目部质量计划的组成部分。

项目间接管理必须适合 EPC 工程的要求，要与工程总承包企业质量标准相一致。

项目程序和间接管理还体现在组织机构中，项目经理与质量经理是并列的两条管理系统。

（2）合同生效和合同的经济管理

合同生效后，项目经理、项目副经理/助理参与到合同管理活动中去，协调和管理所有涉及变更方面的事情，优化项目回款和对外支付，减少资金占用，实现项目现金流的动态平衡和最终盈利目标。

1）收款计划

根据主合同商务条款和项目进度计划编制项目收款计划，尤其是关注合同生效后第一笔预付款的收取，以避免垫资风险和推动项目顺利启动。

2）付款计划

根据项目进度和收款计划编制付款计划，原则上要量入为出。

3）项目现金流量预算表

根据收付款计划，编制出项目现金流量预算表（明细到月），明确是否存在资金缺口，存在资金缺口的及时从本单位获得资金支持。

4）外币合同的汇率风险

注重外币合同汇率风险的控制，制定本项目外币风险应对措施。

（3）与业主的协调

通过此项职能，项目经理、项目副经理和相关职能部门与业主建立一个建设性的关系，在相互理解的基础上，共同寻求一个积极的方案，以便处理项目实施过程中出现的任何问题。

此项职能也涉及活动协调，包括各项工作报告、来往信函、程序文件等，在项目各个阶段让业主和项目部相关人员都对项目进展情况有所了解，才能做好项目统一协调和管理工作。

1）协调程序

协调程序由项目部及其相关职能部门在合同要求的基础上准备，并以定义和规定（或明确）业主和项目部的关系为目的。

定义各种关联信息的流动，包括文件的颁发、编码系统、发票和报告编制程序等。为了获得更详尽的信息，要给项目各个部门提供协调程序进行参照。

协调程序还包括内部详细计划，交给业主审批、修改、升版，最终达成一致。

开球会之后，此程序作为程序文件颁布并分发。

2）与业主的开球会

对业主的特殊要求和意愿要进行研究对比，并融合到实施方案中，开球会的意义就在于它是项目活动正式开始的标志，而且，开球会给了项目经理和各位专业协调员一个认识和了解业主的机会。项目经理可以充分地与业主进行沟通和交流，并在不同程度上互相提出要求。

（4）质量

通过此项职能，项目经理按 ISO 9001 质量体系运作和管理项目。项目经理应保证满足合同规定的任何要求，并根据要求指导工作。

1）合同审查

在此项活动中，项目经理要对合同和合同文件进行严格的审查，勾画出项目重大事件（经济、技术、财务、行政管理和工作组织）。

特别要对不确定区域给予仔细分析和进行风险评估。

此项活动是以各个职能部门的努力为基础的，根据合同要求，项目经理确认工程总承包企业实施项目的能力。

需要特别说明的是，此项活动会对澄清和修改以及补遗文件造成影响，需要与业主做进一步澄清和修改工作。

合同审查要依据特殊的工作程序进行。

2）项目质量（包括 HSE 计划）

具体包括：

a. 制定质量目标，在整个项目过程中所有相关程序都围绕同一个目标实行，以确保产品质量为目的。

b. 解释项目质量方针，以便达到预定的目标。

项目质量文件概括了项目组织机构和管理，并先颁布。编制时一般参照组织机构图、基础文件目录、编码系统、可预见的项目程序清单、职能部门采用的标准、HSE 计划、审核计划等。

项目质量文件要提交项目相关部门审核，如必要也可提交给业主，为项目协调活动提供输入条件。

实施性的文件要在项目开工时期产生，开完与业主的开球会后，这些文件要按计划分发。

（5）计划和控制

通过此项职能，项目经理/项目副经理指导、确认各项活动。建立各项活动程序，并准时限定关键点或里程碑、准确的运作计划，实现项目的关联控制。

在工程总承包企业标准的基础上，规模较大的项目活动应进行分解，以便控制。

在定义活动完成的情况下，会对项目组织管理有一定的影响，需要及时协调或局部调整。

在项目主计划已准备完毕，并得到项目经理批准后，相应的文件也随之审批和实施：

a. 项目部各部门按项目主计划进行详细计划的准备。

b. 按详细计划完成初始预算和解释工作。

（6）预算和费用控制

通过此项职能，项目经理指导项目预算和费用控制，并对其进行定义，以便做好预算和费用控制管理工作。

项目经理从费用控制经理那里收到最终评估报告，评估、判断项目费用与合同总价是否吻合。在此基础上，项目经理对评估报告做详细分析，在颁发前，要考虑到它对以后新的因素和新的详细计划产生的影响。

（7）总部活动的控制和管理

通过此项职能，项目经理和项目副经理/助理，从优化项目实施的角度管理项目资源，指导和控制各个分部和各个部门的活动，以及批准和签发文件。

对于规模较大的项目，项目部及其各个职能部门对各个分部进行项目管理。

对于进度协调和设计活动：

计划进度和设计活动始于此阶段（检查工艺和规范，确定设备清单、设备数据表、布置图、第一次的材料统计等），由设计经理控制、检查、确定正确的设计数据。

以上活动处于项目初始阶段，是建立在计划编制基础上的，活动中要包含从各部门收到的审核意见，并与合同生效和质量计划的实施颁布相联系。

（8）现场活动的管理和控制

通过此项职能并以初始数据为基础，项目经理、项目副经理/助理和项目部职能部门可以在工程建设所在地（国外/国内）进行现场调查，以便于：

1）做好现场各项活动程序的准备工作；

2）依据计划对施工进行研究；

3）做好后勤保障的准备工作；

4）进行现场物资和备用物资的询价工作；

5）实施所有必要的准备工作，以便开始现场各项活动。

　　　　　　　　　　　　　　　　　　　　　　　　工程总承包管理必读

7.2 项目实施阶段的职能描述

（1）项目组织

通过此项职能，项目经理完成项目组织机构的建设，要根据需要合理分配各部门资源，签发前一阶段完成的项目程序。

此活动必须与业主和质量控制等协调活动相融合。

根据项目主计划，由施工经理协助项目经理组织现场开工，组织和管理施工队伍（如果施工经理还没有任派，由项目经理亲自组织和管理施工队伍）。

（2）合同正式生效及经济管理

通过此项职能，项目经理和项目副经理/助理及项目职能部门重点抓合同的经济管理。特别是：

a. 在一定范围内发布"费用价格分解表"；

b. 在合同可预见的情况下，最大优化编制发票，做好请款工作的准备；

c. 项目财务根据费用评估情况，并根据项目计划准备现金支付计划；

d. 介绍由业主要求的或由项目部建议的变更指令；

e. 准备索赔（如有），并向业主提供索赔依据。

1）发票

费用控制经理按项目进度状态编制合同请款计划，按请款程序编制发票。由项目经理审核、批准后，向业主签发（提交）发票。

2）现金流量

根据合同付款要求和货币类型，项目财务应编制一个详细的项目收入/支出现金流量表，此表应与预算/费用控制状况相对应。项目财务应定期更新：现金支出（按费用类别列支）；现金收入。

以实际的现金流量表为基础，结合支付计划和合同付款条件，每三个月对其进行调整。

现金流管理是项目费用管理的重要部分，应单立项并由财务和项目经理严格控制。如果发生各种异常变化，会产生项目费用和进度失控风险进而影响项目盈利目标，要根据项目实际情况和费用计划调整情况对项目现金流量表重新编制。

注：上述问题将在项目实施的整个周期内重复出现。

3）工程进度中变更指令的介绍

合同总价是在业主同意的情况下确定的，也有可能因为变更指令而更改。变更意向有可能是由项目部提出的，也有可能是由业主提出的，变更管理参见变更程序文件。

变更指令应根据它对如下方面的影响进行评估：计划/工期；预算/费用。

项目部应及时对变更指令状态予以更新。按要求分析所有变更金额，与项目资源要保持一致。

4）索赔

除在工程所在地（国外/国内）发生不可抗力等事件引起的损失外，项目经理应准备向业主提交有关任何趋向于合理的工程索赔。

在得到业主的批准后，及时提交索赔报告，并由项目部职能部门从经济、技术和计划各方面全盘接管。具体由合同工程师、费用控制工程师、计划工程师为核心人员组成索赔小组进行处理。

（3）与业主的协调

通过此项职能，项目部向业主提供其所要求的所有数据，以便验证项目进度并讨论和解决施工过程中产生的任何问题。

上述活动的产生，要通过有计划地发布进度报告、会议纪要和合同中指定的任何其他方式（备忘录、传真、E-mail、文件及其表格等）来实现。

所有与业主建立和达成一致的协调程序及其附件，不论是在总部还是在现场，均应正式签署。

1）进度报告

此文件一个月发布一次，其中包含：各项活动开始、进程、结束各个关键点、工期及项目状态。

它向下分为设计、采购和施工三部分，描述的是最新状态，且将目前达到的进度与参考计划（项目的总体计划和详细计划）相对比。

数量上的对比是通过一条进度曲线（"S"曲线）来显示的。当进度状态达到（一个）编制发票的参照点时，就可以将发票提交给业主审批。

文件要分发到各部门，并将总述的分析结果发给项目经理、项目副经理和各个职能管理部门，以便于其了解项目情况。

2）会议纪要

与业主的会议涉及一个或多个问题，从技术和管理的角度上都应通过正式的文件，特别是会议纪要进行记录，并由项目经理签发。

3）文件和图纸清单/状态的提交

根据协调程序，升版的文件和图纸清单/状态应及时提交给业主参阅，文控要及时替换业主批准的文件，并保留前一版。对于与索赔有关的文件，中间过程版都要保留下来。

注：上述问题将在项目实施的整个周期内重复出现。

（4）质量/HSE

通过此项职能，项目经理指导质量经理进行项目质量计划的实施。质量经理配合项目经理完成质量/HSE工作，包括：

1）参与设计和安全审查；

2）核对监理开具的不符合报告；

3）确认审核员及相关人员实施纠正措施。

质量经理应进行质量/HSE职能的落实。不论什么时候、何种情况下产生的质量/HSE问题都会影响项目的最终验收。

1）设计和安全审核

在项目质量计划基础上建立设计和安全审核计划，项目经理和项目副经理/助理及项目职能部门参加会议，对设计的适用性进行审核，并确认设计是否符合要求。

在设计和安全审核过程中，项目经理应勾画出项目的每个争议问题并将其列入重点，并以制定最合适的设计方案为目标。

会议纪要记录每一次的设计安全审核情况，为了更好地完成项目活动，应及时分发会议纪要。

2）内部审核的检查

项目经理应结合内部审核计划报告及其相关纠正措施的要求，在质量经理的协助下，指导项目内部审核计划的实施。

3）不符合报告和纠正措施的检查

项目经理和质量经理检查设计、采购和施工现场，核实监理开具的不符合报告。

必要时，应召集所有相关部门召开相关会议，针对不符合报告制定的纠正措施进行跟踪检查，直至关闭。

注：上述问题将在项目实施的整个周期内重复出现。

（5）计划编制和控制

通过此项职能，项目经理/项目副经理控制初始计划和详细计划，对执行的项目主计划和详细计划要做到及时修正或重新编制，及时发放到各个职能部门，并要求各个职能部门及时替换或废除原有的计划，使项目计划始终保持最新版。

进度控制计划如下：

在各部门提供详细计划的基础上，计划工程师准备编制详细计划和相关的"S"曲线，为设计、采购和施工以及相关部门使用。

上述数据成为月进度报告内容的一部分，月进度报告是项目经理进行项目管理的重要依据之一。

通过对上述数据的分析，项目经理有能力预见项目关键活动发展趋势（不论是设计、采购、施工活动还是费用控制活动等），并可以采取有效的措施，使项目关键活动趋于正常化和/或提出注意，并采取相应的行动以阻止负面事件的发生。

重要项目文件的批准和颁发会对进度分析报告有所影响，计划工程师要调整或修改相关详细计划。 如果需要，也要调整或修改主计划部分内容。

调整或修改的计划活动要得到业主的正式批准。

注：上述问题将在项目实施的整个周期内重复出现。

（6）预算和费用控制

通过此项职能，将预算和费用控制列入相关的最终评估和其他合同文件，项目经理、项目副经理、费用控制经理以及相关职能部门：应准备和重新评估预算（仅适用于变更指令）；进行费用控制分析；修改或调整费用控制报告并发布（内部并限定范围）；项目财务要配合控制部进行项目的费用控制；特别强调的是项目财务要随着控制部进行费用控制活动。

1）最终评估的分析和重新评估

项目经理和费用控制工程师要准备项目预算，甚至从基础设计之后就要着手准备。它和最终评估有相同的内容，如需要，根据采购价格一览表进行费用分解，最终完成"初始预算"。

"初始预算"详述了项目经济目标，并在合同生效后的一个月内发布（内部并限定范围）。

项目的初始预算要提交工程总承包企业相关管理部门批准，批准后的初始预算成为项目费用控制的标准，它将是项目经理的追求目标。

只有在变更指令影响下，才可按规定对初始预算进行再次评估。

2）费用控制活动分析

预算可随着项目活动的进展重新组织立项，并由费用控制工程师根据项目经理制定的选项和变更申请（正面的和负面的）进行阶段性的更新。

项目重要事件变更可能导致初始预算的更新，但要经过项目经理的同意，才能更新初始预算。

3）费用控制报告的提交

在上一条提到的费用控制活动要按阶段形成不同版次的费用报告，并正式提交项目经理审批，批准后分发给项目相关管理部门（限定范围）、工程总承包企业领导和业主（如合同要求）。

（7）总部活动的管理和控制

通过此项职能，项目经理协调控制总部（工程总承包企业以及项目部）所有项目活动，并签发相关文件。

总部活动包括：进度、基础和详细设计、采购、费用控制、质量控制、分包合同、质量/HSE评审等。

1）协调和控制

协调和控制要体现在总部任何项目活动上。

协调和控制的重大意义在于对项目信息的正确传递给予特别关注，并要求各部门在项目各个阶段按计划发布相关文件、进行分包和采购合同评审活动。

协调和控制主要包括：按合同要求进行设计，按设计要求进行采购；控制/协调界面（内部/外部）条件，做好界面管理工作。

2）文件的签发

各个阶段产生的所有文件均需提交项目经理批准，并由文控部下发给相关的（内部/外部）收件人。

项目经理批准的文件包含项目经理指定项目副经理签字下发的文件。

（8）施工活动的管理和控制

通过此项职能，项目经理、施工经理组织有关人员核实施工是否与设计相符，实际进度计划和费用方面是否与批准的进度计划和费用相吻合。

此项职能也包括管理和控制总部、现场的界面，为在施工过程中产生的任何问题寻求解决办法。

根据施工管理程序，项目经理任命施工经理以后，施工经理和计划经理共同编制施工活动计划，并随项目进度报告一起提交给业主和总部（项目部）。

7.3 项目竣工阶段的职能描述

（1）项目组织

在竣工阶段的职能不表现为过多的特别活动，因此它被省略。 此阶段的任何活动均被认为已经包含于合同管理职能之中。

（2）合同管理

通过此项职能，项目经理完成合同管理，其特别活动如下：机械完工、测试报告、临时验收、最终验收、关闭项目账户。

1）机械完工

在施工完成后，管道安装、机械性能测试、调试完毕后，按照合同完成预试运，项目经理有权发出说明预试运已经完成并要求业主颁发"机械完工证书"的书面通知。 业主收到书面通知，在合同规定的时间之内，给承包商颁发工程"机械完工证书"。

"机械完工证书"颁发后，除非业主有要求，项目经理有权遣散人员。

2）测试报告（略）

3）临时验收

投产结束以后，经过合同规定时间完成初始运行以后，进行性能测试，成功完成性能测试，项目经理认为除了"缺陷责任期"的责任之外已完成了所有的职责，可以向业主提出颁发"临时验收证书"的书面申请。 业主收到书面申请，在合同规定的时间之内，给承包商颁发工程"临时验收证书"。

业主颁发临时验收证书后项目经理要求业主支付余下的保留金、退余下的履约保函（价值）、付余下的设备款（不包括散装材料），并：开始缩减项目当地活动和减少项目部的职能，以便履行剩余合同义务。 此内容在项目活动关闭备忘录中正式发布。

业主仍留有合同总额的一定百分比，确保"缺陷责任期"的结束。

4）最终验收

颁发"临时验收证书"以后，进入合同规定的"缺陷责任期"，在这个时期项目经理只对设计、采购、安装的质量负责，不对设施设备的操作和维护责任负责（除非合同有特殊要求）。

在缺陷责任期或延长期结束，项目经理组织相关人员在这一时期把缺陷修好后，并以书面形式通知业主确认：索赔的争议已经解决，在本合同下没有进一步的索赔和要求后

（不同于那些已标明的决算和以前给业主的书面明细），业主应给承包商颁发工程的"最终验收证书"。

"最终验收证书"分发给承包商项目部和所有相关部门。

在此阶段，承包商的最大累计责任（包括罚款）将限定于合同总价的固定百分比。

"最终验收证书"的颁发标志合同终止，终止后合同续存条款将保持有效而不受任何合同终止的影响，如："终止""处罚和责任范围""审计""转让""知识产权""仲裁""法律""保密和行业准则"条款。

5）关闭项目账户

上述证书意味着项目账户可以关闭，从内部通过指令关闭所有付款账户。

（3）与业主的协调

通过此项职能，项目经理和施工经理核实业主对工程的满意度，包括其核对合同要求和产品供应。

特别一提的是，给业主提交的进度报告证明各种剩余活动的结束。

（4）质量

如果合同包含试运行、性能测试和缺总责任期活动，此项职能会继续起作用。

（5）计划编制和控制

通过此项职能，项目经理进行进度分析，并寻求最优化项目最终结束阶段，以便于得到比合同中更优良的可行的计划。

（6）预算和费用控制

通过此项职能，项目经理对取得的经济成果进行核实，分析最终费用控制报告，并将同样的内容提供给工程总承包企业以及相关部门。

（7）总部活动的管理和控制

通过此项职能，项目经理结合项目文件和已完成的工作，开始着手竣工资料的整理（文件目录、测试报告等）。

1）最终文件的提交

根据合同要求，按期、按份数提交给业主最终文件。

2）试运行文件的提交

如果合同包含试运行活动，相关部门应准备必要的计划和程序以便进行上述活动，然后由项目经理签发并提交给业主。

（8）施工活动的管理和控制

通过此项职能，项目经理协调和控制施工活动，并与施工经理和试运行经理一起确认机械完工活动，即工艺安装活动结束（阶段）和试运行活动开始（阶段）。 如可能，尽快开始试运行活动，以取得计划和费用目标的最优化。

1）机械完工监控

项目经理和施工经理监控指导机械完工活动。

此项重要事件可能只达到前一个阶段，只能部分向业主交付。

如果试运行活动不包含在内，工艺安装调试等工作一旦完成，它就标志着项目活动的结束。 特别是对于融资工程，它允许业主结束发票编制。

2）试运行活动

当在合同中规定有试运行活动时，项目经理和试运行经理指导相关人员进行一系列的试运行测试和演示测试。

以上活动的相关测试报告要得到业主的批准。

上述测试活动非常重要，可能对"临时验收证书"和"最终验收证书"的颁发产生影响，也可能对发票编制、提交和批准等产生影响。

第8章

文件相关内容和责任

8.1　文件内容与项目活动

项目文件应提交项目相关部门审核，保证文件相关内容的正确性和完整性是各个职能部门的责任，项目活动应与项目文件内容一致。

（1）项目文件的内容

项目文件包括项目前期文件、项目竣工文件和项目竣工验收文件。其中项目竣工文件又包括项目施工文件、项目竣工图。

（2）项目文件编制要求

1）要保证项目文件的原始性和真实性。

2）项目文件必须与工程实际相符，并做到完整、准确、系统，满足生产、管理、维护及改扩建的需要。

3）项目文件所使用的计量单位、符号、文字及表述方法应符合合同相关规定。

8.2　文件提交的责任

文件提交过程的组织和协调是项目经理、文控经理的责任。

（1）项目文件状态控制

文件状态记录整个项目文件的执行状态、版次、文件描述、发送时间、发送文件的性质、文件的类别等。

为了保证文件状态的准确性，文控人员需要定期对文件进行统计及跟踪。

（2）文件状态报告

1）项目管理文件状态；

2）外部文件状态；

3）设计文件状态；

4）采购文件状态；

5）项目合同清单；

6）厂商文件状态；

7）施工文件状态；

8）试运行（或开车）文件状态。

第 9 章

给业主方提供的服务

给业主方提供的服务包含如下两条：一是保证期内的服务；二是保证期后的服务。

9.1 保证期内的服务

整个时期，项目经理都应与业主保持联系。

对业主提出的任何问题和要求的交涉：涉及性能保障和质量（产品）问题，项目经理应立即解决，在与业主确认后，对于发生的问题，项目经理应调动必要的内部和／或外部资源进行解决，他（们）也应立即通知质量经理。

不论项目人员是长期坚守现场或间歇出现，项目经理都应要求并授权现场人员收集所有因素去分析事故原因，而后就此花费时间和资金寻求最合适的解决方案。

合同相关各方要根据相关义务和权限承担各自责任，一般来说，可以分为如下部分：提供产品（质量）时就有缺陷；设计错误；操作改进；业主的原因。

在所有情况下，不论什么原因，项目经理应与业主达成一致，采取有效措施尽快解决问题，以免带来不便。

总部和现场活动作为一个项目内部变更来处理相关管理费用，由业主承担的事故除外。

在这种情况下，项目经理应提交一份正式变更指令要求业主如期批准。

质量部门应接收所有的内部或外部活动信息，完成分析报告。

9.2 保证期后的服务

工程被最终验收，所有合同义务都正式完整地履行完毕，项目经理应要求业主支付所有与最终验收相关的款项，收回所有到期的银行保函。

从此刻起，工程总承包企业对业主提出的任何服务要求，只要是不可忽略的部分，都应以新项目对待。

在索赔情况下，这些事情将通告质量经理并根据标准进行评估。

与业主的合同主要由控制部合同工程师和费用控制工程师共同控制。

第**10**章
职责和义务

10.1 总述

对于工程的实施，工程总承包企业通过一个主体组织进行运作，利用项目管理职能管理项目，使相关部门的服务联成一个整体。

项目管理职能是通过建立项目部实施的，项目部主要人员由工程总承包企业委派。

如此程序中所预见的，项目组织结构展示了项目实施中的必要职位。 相较于大项目，小项目可能会忽略一些上述项目部主要人员，或增加相同人员以加强项目部的力量。

10.2 项目部组成的主要特性

主要特性体现在技术和相关的管理中。

（1）技术特性

依项目类型确定特性，项目部组成要对关键领域进行定义，比较现行项目与以前项目存在的问题，并借鉴后者，对现行项目拿出行之有效的方案。

（2）相关的管理特性

与项目部的程序相似，特别表现在项目的计划编制和控制手段的运作、领导能力和交流的范围、解决冲突和权威代表等方面。

特别是：

1）领导能力可理解为在项目运作过程中管理和发现人才的能力，让他们参与项目运作，以便避免决策者的失误。

2）交际能力是在短时间内，与他人工作融合力的具体体现，是每个项目成员必须具备的能力，个人的敬业精神应有效传到团队并最终融为一体，而个人也期望与团队的交流，倾听他人的意见。 交际能力还表现在以明确的方式对目标定义，明确职责和义务。

3）提高项目决策能力，可能涉及：

a. 熟悉实施活动的优先次序；

b. 掌握项目管理程序；

c. 熟悉为满足合同要求而相应采取的技术方案；

d. 熟悉与其他项目共享的资源；

e. 了解与实现预算相关的费用控制；

f. 了解与实现项目目标有关的活动计划。

4）代表能力。对项目经理来说，不可能精通所有的专业，必须组织相关的技术管理人员，以保证有效开展工作。

5）管理能力意味着对书面和非书面程序的熟悉，要熟悉程序规定的日常活动，并具有能推动上述活动的措施和办法的能力。

10.3 项目经理和其他主要管理者的职责和义务

"经理"通常用来定义项目部主要成员和协调员的角色。他们的基本任务是：加强项目前期工作，负责设计、采购、施工、试运行各个环节的管理与协调工作，尽可能降低费用；为各部门提供帮助，为项目部成员打通项目相关组织机构流程和各种工作程序中的障碍；做好供货商合同管理工作，以保证采购的质量和价格；做好（内/外）分包商的组织协调和管理工作，这是项目成功的关键。

"经理"一词因此通常被理解为：

能识别和定义项目完成的目标，并将目标量化并转为具体的任务和使命，寻求各种可能完成任务的方案的管理人员。

（1）项目经理

任务：

1）项目经理从项目的开始一直到合同所有义务的结束都代表工程总承包企业法人。

2）项目经理在工程总承包企业法人委任其管理的工作框架内，可以在合同规定的时间内，在费用和质量允许的情况下进行所有必要的项目决策并实施，负责处理与业主的关系并全面了解业主方面的问题。

3）保证其管理的所有项目阶段的连续性和从一个阶段向另一个阶段的平稳过渡。要向工程总承包企业法人/主管领导汇报。

特别是：

1）决定组建项目部需要的所有资源，并对项目资源进行整合。

2）依据各个方面协调员的意见，与相关方进行沟通和协调，并达成一致意见。

3）制定项目部领导班子成员的详细职能，最终代表他承担义务并与相关人员进行交流。

4）管理各个分部项目经理之间的界面。

5）对项目有关的信息进行核实和处理，及时批阅给相关经理，所有批阅的意见由文控部准确及时地分发。

6）分析合同文件并签发相关的项目文件，不断地进行合同复阅和审核。

7）编写"项目开工"和"合同生效"备忘录，并向相关部门分发和贯彻。

8）定义和审定项目程序，确认其需要更改的内容。

9）和业主共同定义协调程序内容，对内与各个分部、对外与各个分包商进行磋商，并最终达成一致意见。

10）进行项目质量/HSE计划方案的批准工作。

11）与业主召开项目会议，依据会议议题达成一致意见，建立项目协调程序。

12）与业主召开项目会议（如开球会、设计审核、安全审核等）和准备相关议程。

13）通过项目部领导班子成员协调项目活动，验证项目数据的正确性，以保证与合同要求的一致性。

14）接收并初步处理所有的部门（业主、授权人、供货商等）回复的文件签发。

15）批准供货商/分包商名单（目录），通过对技术和商务的比较，确定相应的供货商和分包商。

16）通过资质审查程序，使最终推荐的供货商满足要求。

17）定义和组织编制计划和控制活动，以实施最经济的计划，并达到工程费用控制的最低目标，在控制经理的帮助下，发布项目总计划和费用的初始预算。

18）参与合同的经济管理，保证按工程进度向业主及时开具发票，和费用控制经理、财务经理一起参与经济合同管理，关注每月更新的收支状态表、汇率变动和项目的现金流量。

19）管理变更指令，不论其来自业主要求还是项目部的建议。对技术、经济和计划方面受变更指令的影响进行决策。

20）在施工经理的协助下，协调开工工作界面，达到开工活动要求。

21）在保证期内，管理业主服务工作，同业主协商解决所有问题，并通知质量经理。

（2）质量经理

任务：

1）作为质量部门代表，协助项目经理，从质量保证体系的角度满足工程需要，由项目部领导和相关部门在项目实施各个阶段使质量体系起到效力，直到合同结束。

2）协助项目经理准备项目质量/HSE计划，保证合同要求与工程总承包企业质量体系和HSE计划保持一致。

3）质量经理管理质量计划编制和实施两个方面。核实正确行为，准确实施和采取必要行动满足项目质量标准要求和附加合同要求。

特别是：

1）保证项目相关活动以最低费用按计划执行。

2）协助项目经理进行合同和设计的复阅和审查。

3）在审核决策时，指导质量/HSE协调员或工程师完成各项活动。

4）审核项目质量/HSE报告。

5）向项目经理汇报并协助项目经理向项目主任汇报。

6）在国际工程组织机构中，质量经理与项目经理是并列的两条控制系统，在本程序中其顺序列在项目经理之后。

7）对于具体任务和义务，要提供本部门的程序供项目参照。

（3）项目副经理/助理

任务：

1）协助项目经理建立项目制度，并把设计、采购、施工等应注意的问题与施工经理进行交底。

2）同项目经理一起核实项目活动，有效地把HSE、质量、进度、费用和合同管理，贯穿于整个项目的设计、采购、施工、安装、预试运、试运行、性能测试中去，参与预算准备，参与项目计划的制定，参与必要的整合项目资源工作，协调内外各个界面的管理工作。

3）协助项目经理指导和协调文件的控制工作，使之成为整个项目的信息输入/输出中心，是项目活动和文件控制管理的具体体现（体现在行政、财务、人力资源、项目秘书等管理中）。

4）指导和协调行政管理工作，为项目提供良好的后勤保障。

5）指导和协调合同管理工作和分包合同的发布。

6）确保项目部和现场之间信息的顺畅流动，以阻止所发生的问题或及时解决问题。

7）向项目经理汇报并对各个分部经理实施监督职能，及时沟通，发现问题及时解决。

8）对于具体任务和义务，要提供相关项目管理程序（规定）供项目参照。

（4）控制经理

任务：

1）协助项目经理，参与制定项目主计划，并从费用的角度管理项目主计划，依据合同条款和项目目标，将各个部门的详细费用计划进行编制，并融入主计划之中。

2）协助项目经理准备项目预算。

3）根据项目活动的进度，有效管理和控制项目预算。

4）涉猎所有项目事件以更新合同总值（变更指令）以及经济合同管理工作，做好分包商管理和合同台账等指导工作，下设一名合同工程师。

5）准备当前的项目经济状况总结，给项目经理、项目主任和业主提供足够的信息，项目经理允许他采取合理的纠正措施阻止计划的偏离。

6）向项目经理汇报，并分级向各部门通报。

7）对于具体任务和义务，要提供本部门的程序供项目参照。

（5）计划经理

任务：

1）根据合同要求，计划经理有义务优化进度，使工程质量、计划和费用不只是为了得到业主的许可，也要考虑工程总承包企业的技术能力和资源。

2）有义务编制基础设计计划、详细设计计划、采购计划和施工计划，包括工程安全计划要求。

3）根据项目主计划，保证及时发布报业主文件审批动态和设计、采购、施工活动的进展情况。

4）对于总部和现场，计划经理是进度问题的焦点，是进度过程中业主和授权人的主要对话人，其还要保证项目经理、施工经理在工程开工阶段拥有必要的信息。

5）向项目经理汇报并分级向各个分部和各个部门经理汇报或通报。

6）对于具体任务和义务，要提供本部门的程序供项目参照。

（6）设计经理

任务：

1）有义务管理设计并对整个工程进行服务，直到这些活动结束。

2）设计经理是项目工程设计问题的焦点，鉴于此，其有责任协调设计和采购的界面，指导材料工程师按设计不同阶段，组织各专业设计人员做好三次材料统计（MTO）工作，以及综合材料汇总工作。每一次的材料汇总都要及时给采购部门提出界面条件，同时要处理好技术和费用、采购计划编制方面的问题。

3）准备文件并提交给项目经理用作支持项目变更指令的技术条件，配合项目部做好经济评估。

4）向项目经理汇报并分级向各个分部和项目各个部门经理汇报或通报。

特别是：

1）分发基础设计文件，以保证所有项目有关人员收到与其个人活动有关的必要文件，并有责任及时更新与替换设计文件。

2）负责分发设计需要的基准数据。

3）保证设计中各专业间的一致性，保证外部界面管理，避免延误。

4）协同项目经理和计划经理准备项目主计划，核实部门详细计划的一致性，并保证计划详细、合理，处理计划不衔接的问题，使计划顺利地在项目上实现。

5）管理由专家提出的任何设计变化，特别要核实该变化与计划、预算的一致性。

6）处理业主对设计提出的任何要求，并核实这些要求是否属于工作界面之内或属于变更指令。

7）确定项目采用的设计规范和标准。

8）指导项目工程师所有活动。

9）签发技术文件（请购书、规格书、图纸等）。

10）核实技术数据表，并以项目经理代表的身份同供货商进行合同谈判。

11）依据现场要求，在组装和安装阶段，提供所有的信息以及必要的服务。

12）及时听取现场反馈意见，并分析现场需求情况，重新调整计划及其相应的活动。

13）对业主迟批的相关文件要进行分析，分析其对项目进度的影响。

14）准备设计协调程序以满足项目要求，并按协调程序要求，协助项目经理和业主完成项目的设计和服务活动。

15）及时向项目经理、计划经理汇报设计进度的最新动态，在各种会议上，针对与业主争辩的技术条款（内容）提出建议。

16）主持召开设计会议，依据各种规定核实项目进度，如需要，还要给项目经理、计划经理和采购经理提出建议。

17）协助项目经理、文控经理管理业主批准的技术文件。

18）处理好技术和经济文件的准备工作，以便在变更指令和/或索赔时提交给业主。

19）参与项目进度汇报的准备工作。

20）对于具体任务和义务，要提供本部门的程序供项目参照。

（7）项目工程师

任务：

1）根据合同文件的要求（设计数据、编码、等级等）监督设计计划进度工作。

2）项目工程师有责任保障现场技术文件的需求，向项目经理、设计经理汇报并分级向各个分部和项目各个部门经理汇报或通报。

特别是：

1）保证对项目活动计划的了解，尽最大努力确保项目活动计划所要求的文件和信息。

2）核实项目活动进度与预计的详细计划是否对应一致，要将相关内容提交给计划经理或相关工程师。

3）准备上述相关问题的数据清单，有义务发布此数据清单。

4）核实所有有关文件的附加信息，并及时通知相关专业或部门。

5）确认内部设计文件，保证各专业设计条件的一致性。在不一致的情况下，要及时纠正并使其达到一致。

6）在任何情况下，如果设计出现的问题没有及时解决，就要通报设计经理，并要评估"出现的问题"将在技术和/或经济上给项目带来的影响。

7）应及时将所有问题通报设计经理，因为这有可能危及项目技术、经济问题。

8）与采购经理或协调员共同准备供货商名单（目录），要按计划发布货物接受报告。

9）核实供货商与项目部的分工是否与计划一致，时间是否与计划一致，关键交货日期和服务质量问题是否会导致罚款并对付款造成影响。

10）核实供货商图纸（已被业主批准/带意见批准），要按时完整返给供货商。

11）协助设计经理促使业主及时批准技术文件。

12）在项目工程师的权限下，对于涉及的项目会议以及讨论的事项，向设计经理提出合理的建议。

13）作为设计经理代表，要核实技术目录和参与合同谈判的准备工作。

14）对于具体任务和义务，要提供本部门的程序供项目参照。

（8）采购经理

任务：

1）有义务协调和实施采购活动（询价、订货、催交、检验、清关、运输、仓管等）。

2）按合同要求，执行项目采购计划。

3）采购经理在各督办协调员提供的采购信息基础上，开始协调或督办供货商活动。

4）处理所有的采购、检验和运输等状态报告，并提交给项目经理和业主。

5）做好合格供货商名录（包括国际/国内）。

6）建立国际采购系统，组织国际采购。

7）指导编制采购月报。

8）向项目经理汇报并分级向相关部门经理汇报或通报。

9）对于具体任务和义务，要提供本部门的程序供项目参照。

（9）施工经理

任务：

1）负责管理工程建设活动，并且要以合同规定的计划、费用、质量和安全条款及项目目标为标准。

2）处理与现场管理相关联的、涉及所有地方政府对项目运作有要求的关系，包括与业主现场代表的关系。

3）保证程序文件的正确使用，保证安全、健康和施工质量标准。

4）针对现场问题向项目经理提供常规进度报告，特别是涉及计划、费用和质量/HSE时。

5）向项目经理汇报并分级向各个分部和各个部门经理汇报或通报。

6）对于具体任务和义务，要提供本部门的程序供项目参照。

（10）试运行经理

任务：

1）在设计阶段，根据计划、规范、合同条款和项目目标的要求，试运行经理要对工程初始运行测试进行定义。

2）试运行经理要与施工经理保持联络，避免工艺安装对预试运/试运行产生影响，将工程分成系统以便编制初始运行计划。

3）作为项目经理代表，负责初始运行和合同规定所要求的测试以及测试之前的活动。

4）准备进度报告，提出和解决所遇到的任何问题（不论是文件方面的还是源于工程设计方面的问题）。

5）协助项目经理做好培训工作并协助其将工程移交给业主。

6）向项目经理汇报并分级向各个分部和各个部门经理汇报或通报。

7）对于具体任务和义务，要提供本部门的程序供项目参照。

第11章
参照文件

在工程总承包项目管理中，合同及其文件管理是非常重要的，它是合同双方执行项目的法律依据。 由于合同及其文件内容繁多，作为管理程序不能一一列举，只能从合同文件、项目运作和项目内部管理三个方面简要列举相关方面的要求。

11.1　合同文件

（1）合同文件索引。

（2）技术文件目录。

（3）技术文件包编码索引等。

11.2　流程图/批准过程/运作机制

（1）文件和活动流程图。

（2）项目管理批准过程。

（3）项目运作机制。

11.3　项目内部管理文件

（1）项目培训。

（2）项目内部管理文件。

（3）项目开始备忘录。

（4）项目经理项目备忘录。

（5）内部会议议程（包括内部开球会议程、与业主开球会议程）。

（6）内部协调程序。

（7）项目质量周/月报。

（8）项目进度周/月报。

（9）项目费用周/月报。

（10）项目采购周/月报。

（11）合同一览表周/月报。

（12）现金流量表（月报）。

（13）项目内部界面划分（包括内部分包合同界面的划分）。

（14）项目总结。

（15）修订工程总承包企业标准。

（16）完善工程总承包企业 QHSE 管理体系文件。

第 3 篇　国际工程 HSE 管理

在国际工程项目中，健康、安全与环境（Health Safety and Environment，以下简称"HSE"）管理是项目业主和承包商合同约定不可或缺的重要内容，全面把握项目资源国和项目业主的 HSE 要求是项目顺利执行的前提和基础。本篇从国际工程 HSE 管理特点、国际工程 HSE 管理原则性要求、承包商 HSE 资格预审、承包商 HSE 管理体系要求、承包商 HSE 管理机构及人员职责、承包商 HSE 管理工作内容、HSE 检查、HSE 奖惩管理以及事故事件管理九个方面进行阐述，旨在使读者与国际工程 HSE 管理要求进行对标管理。

第 **12** 章

国际工程 HSE 管理基本要求

12.1　国际工程 HSE 管理特点

近年来，随着经济全球化，在"一带一路"倡议引领下，越来越多的中国工程企业走向国际市场并获得高速发展。承揽的长输管道、石油炼制、石油化工、油气储库、电站、民用建筑等大型项目逐年增加，规模不断扩大。然而，在国际工程项目执行过程中，HSE 管理是中国工程企业的普遍短板，不熟悉国际通用 HSE 标准、管理要求和国际惯例；在项目执行过程中的 HSE 管理往往不能满足业主/项目管理咨询商或所在国政府（地区）的要求。这些问题导致项目建设工期严重滞后、费用大幅度增加。

项目 HSE 业绩直接影响工程企业的形象和国际市场竞争力，与国内工程项目相比，由于项目所在国在社会、政治、经济、法律、标准、风俗习惯、地理气候、施工工艺、管理惯例、安全文化等方面与国内均存在较大差异，并且国际工程项目的业主/项目管理咨询商以及项目管理联合团队对 HSE 管理要求不尽相同，中国工程企业面对的困难更多、挑战更大，主要表现在以下几个方面。

（1）安全理念意识更强

在国际工程项目中，"安全第一"理念深入人心，尤其在欧美及中东等地区，HSE 是其核心理念和企业文化，他们将良好的 HSE 业绩作为对社会、对当地社区和员工的责任和承诺，作为企业形象的外在体现。在执行工程项目时奉行"安全健康环保是开展任何工作的前提条件""安全绝不能妥协""隐患零容忍""一切事故都可以预防""安全是每一个人的责任"等理念和工作原则，极度重视参与项目各方人员 HSE 能力、意识的培训教育和安全习惯的养成。

（2）体系标准要求更高

国际工程项目的执行标准必须要满足所在国政府（地区）法律、法规及业主/项目管理咨询商 HSE 管理规范要求。当承包商自身的 HSE 标准与业主/项目管理咨询商、项目所在国家（地区）相关标准不一致时，往往采用要求更严格的 HSE 标准。国际知名跨国企业及为其服务的项目管理承包商都制定了严格的项目 HSE 管理体系和施工作业安全标准，在招标书中就详细列出了 HSE 管理标准和安保设施、设备的种类和规格要求，从现场诊所、医生、医疗设备和药品、救护车的配置，到劳保用品、脚手架材料和搭设标准、各类人员资质、施工机具设备的进场检查标准，以及营地、办公区和仓库的建设标准等都做了详细描述，并要求承包商也要建立和实施与其要求一致的 HSE 管理标准和管理体系。

（3）风险管理内容更广

在一些经济欠发达或者落后的国家和地区，各方面物资保证、道路交通、通信、医疗卫生资源等相对落后，HSE 管理不仅要做好项目自身 HSE 风险管理，还需要综合考虑医疗卫生风险、传染病、当地社会安全风险、恐怖袭击风险、当地治安风险等。人员心理健康也是一项重要的风险管控内容，很多海外项目现场都在偏远地区，营地实行封闭式管理，员工压力大，连续工作周期长，容易想家，这种情绪积累到一定程度，就会转化成心理不稳定因素，导致工作心不在焉，性格喜怒无常、脾气暴躁等。

（4）事故事件管理更严

国外工程企业非常重视从源头进行事故事件管理，包括亡人事故、生产事件及事故隐患等，对各类事故事件一视同仁，认真进行记录、统计和分析，并严格按责任进行管控。如果发生事故事件，必须及时记录并层层上报，并由承包商开展事故调查，定期开展总结及经验教训分享。同时，国外工程企业普遍重视安全工时记录和管理，当承包商在工程项目取得足够高的安全工时时，颁发荣誉证书以表彰其安全绩效。

（5）更加重视医疗救治救护

国外工程企业一直把现场医疗救护作为国际工程 HSE 管理不可或缺的一项重要内容，国际工程项目现场一般地处偏远地区，周边医疗资源社会依托普遍缺乏，需要建立完善的现场医疗处置分级管理系统，设置医疗救护部门，制定相关应急预案，包括联合当地专业医疗机构，外包医疗救护资源，配置现场诊所、医生、医疗设备和药品、救护车，定期核对检查设施、设备和药品，以保证资源充足等。

（6）更加重视安保管理

安保管理是国际工程 HSE 管理的一项重要内容，国际工程项目大多建设在一些经济不发达或者政治局势不稳定的国家和地区。这些国家和地区往往民族冲突不断，国内政治派别林立，政府与地方种族、部落存在利益冲突，造成社会治安环境恶劣，恐怖袭击、武装绑架、战争或者武装冲突、群体性事件、政治动荡、恶性治安事件等社会安全事件时有发生。

（7）更加重视环境保护影响

环境是全球人类赖以生存的基础，在国际工程项目执行过程中，必须积极了解项目所在国（地区）的环境保护法律法规，保持与当地政府的沟通，避免在项目执行过程中因固废物处理、废水废油等液体排放导致的环境问题而受到处罚，或者给工程项目的正常执行造成影响。

鉴于以上国际工程项目的诸多特点，国内工程企业在投标国际报价前应组织到项目所在地进行实地调研和考察，深入了解掌握所在国家（地区）的社会环境、建设环境、法律法规、地理人文、风俗习惯等基本信息，研究业主/项目管理咨询商招标文件中对 HSE 管理的标准和要求，充分理解建设方、执行方等各相关方的需求和期望，建立完善并严格执行项目 HSE 管理体系，健全 HSE 管理机构，组建专业的 HSE 管理团队，细化落实 HSE 职责，做好分包商 HSE 合同管理、HSE 监督检查及 HSE 沟通和培训等工作。

12.2　国际工程 HSE 管理原则性要求

中国工程企业在项目投标报价和实施过程中，应始终遵守以下 HSE 管理要求。

（1）承包商对 HSE 运行管理负责

在国际工程项目中，承包商受雇主委托，按照合同约定对项目设计、采购、施工、试车开车及运行等实行全过程或若干阶段和单项工程承包，对承包工程的质量、安全、进度及费用负责，对 HSE 运行管理承担主要责任。

（2）遵守承诺建立 HSE 管理体系

国际工程项目 HSE 管理体系（HSEMS）是国外业主/项目管理咨询商和承包商之间合作不可或缺的重要组成部分，它是由实施 HSE 管理的承诺、目标、机构、职责、资源、程序、作业、方法等要素构成的系统的、科学的有机整体，适用于国际工程项目所有产品、活动、工作、服务、设施以及工程项目所涉及的相关方。

（3）保持 HSE 管理体系有效运行

国际工程项目应建立、运行并保持有效的 HSE 管理体系，充分识别可能存在的健康、安全与环境危害因素，组织开展风险评价，确定相关法律法规和要求，制定目标指标、管理计划，提供充分资源和信息，开展监测、检查、审核及分析，确保管理计划有效实施，管理绩效持续改进。

（4）严格遵守 HSE 管理基本原则

在项目执行过程中，应严格遵守 HSE 管理基本原则：任何决策优先考虑 HSE；安全是必要条件；承包商及项目部必须对员工进行 HSE 培训；各级管理者对业务范围内的 HSE 工作负责；各级管理者亲自参加 HSE 审核和检查；员工参与岗位危害识别及风险控制；事故隐患及时整改，所有事故事件及时报告、分析和处理；承包商和分包商管理执行统一的 HSE 标准。

（5）承包商 HSE 管理义务和责任

在组织施工作业时，承包商有义务在施工现场建立或保持必要的安全作业条件，致力于保护环境、营造安全氛围，创造对员工健康有利的工作环境，防止社区以及可能受项目活动影响的其他相关方受到伤害，并对其直接负责。项目所有参与者均有责任保证实施有效的安全管理，并确保其伤亡率和事故率不超过项目设定的限值。

（6）对现场进行 HSE 监督和检查

任何情况下，承包商均不可使其员工处于危险工作条件下，不可危及在项目现场工作的其他相关方人员的健康和安全。当发现违反 HSE 相关规定的行为或可能危及现场人员、设备或设施安全及正常工作时，雇主/项目管理承包商有权停止承包商的相关工作，承包商需停止上述相关工作并对导致的额外工作时间所产生的费用负责。

12.3　承包商 HSE 资格预审

一是国际工程项目投标报价前，业主/项目管理咨询商会对参与项目投标的承包商进行 HSE 资格预审，通过综合评价承包商的 HSE 管理水平以确保意向承包商在投标报价和合同履约阶段能够满足其健康、安全与环保要求。

二是资格预审一般会以 HSE 资格预审问卷或要求的其他等效文件形式进行。承包商应在项目投标之前完成 HSE 资格预审工作，并承诺所有分包商均满足 HSE 资格预审要求。承包商应在与分包商签订合同或进行合作之前，要求其所有分包商完成上述调查问卷，并将其提交给业主/项目管理咨询商进行审阅并获得批准。

12.4　承包商 HSE 管理体系要求

一是承包商应建立符合业主/项目管理咨询商要求的项目 HSE 管理体系，并在工程项目正式启动执行前提交给业主/项目管理咨询商进行审批。同时，应编制专项 HSE 计划、方案、程序（包括工作要求和相应的表格）并严格执行，确保符合适用于该国际工程项目承包工作范围的所有 HSE 法规和要求，包括项目所在国家（地区）以及相关国际组织的要求等。承包商 HSE 计划、方案、程序应为项目专用，且按照合同规定的时间提交给业主/项目管理咨询商进行审批，并及时处理业主/项目管理咨询商给出的评阅建议。

二是业主/项目管理咨询商会给出 HSE 管理体系程序、表格样板及相关要求供承包商参考使用。承包商如确定实施业主/项目管理咨询商提供的 HSE 管理体系程序和表格，则需在等效声明中签字确认。承包商如使用自己的 HSE 管理体系文件，则需要经过业主/项目管理咨询商审阅和同意，且使用的自有 HSE 程序、表格应满足项目业主/管理承包商 HSE 管理体系程序、表格及相关要求包含的全部内容。

三是业主/项目管理咨询商的审阅评价不免除承包商的任何义务和责任，也不构成业主/项目管理咨询商需承担任意 HSE 计划、方案、程序的准确性或适合性的责任。

12.5　承包商 HSE 管理机构及人员职责

由于国际工程项目种类繁多、分布区域广泛，承包商的 HSE 管理人员应具备一定的英文听说读写能力。同时，在特定国家（地区）工程项目中，业主/项目管理咨询商可能会根据当地法律法规要求承包商配备其他专业的 HSE 管理人员。

（1）组织机构设置与人员配备

1）承包商应建立健全专职 HSE 组织机构，明确岗位设置、岗位职责及任职条件，并按规定上报业主/项目管理咨询商。

2）承包商任命项目经理或现场经理作为项目 HSE 代表，作为 HSE 工作的第一责任人，对项目 HSE 管理体系的有效性负责。任命现场 HSE 经理，在项目经理或现场经理的领导下负责现场 HSE 综合管理和监督检查，组织对检查中发现的不安全行为、不安全状态（安全隐患）进行有效整改。

3）如业主/项目管理咨询商有特殊要求，承包商还应任命一名专职的外方 HSE 经理，负责外方员工的健康安全管理和环境保护工作。

4）承包商任命的现场 HSE 工程师须经业主/项目管理咨询商审核批准，HSE 工程师应有至少 5 年的现场工作经验。原则上，按照 50：1 的比例配备 HSE 工程师。

5）承包商按照工程项目现场工作范围，配齐配全相关技术人员，支持 HSE 工作，比如机械设备检查员、电工、脚手架工程师、土建工程师、射线工程师、高处作业及防坠保护工程师、起重吊装工程师等。

6）承包商聘用有资质的 HSE 培训师，组织对承包商所有人员进行 HSE 综合培训和专项培训。

7）承包商任命有资质的环境专家，负责制定并执行承包商施工环境管理计划、环境方案和程序，对工程进行环境检查，定期与技术人员一起参加 HSE 会议，向业主/项目管理咨询商提交环境活动周报，汇报环境管理情况等。

（2）HSE 人员任职要求

现场人员动迁前，承包商应按照要求向业主/项目管理咨询商提交 HSE 经理姓名、资质、项目经理等相关信息，业主/项目管理咨询商审批同意前，可能会对 HSE 经理进行面试及书面考试。通常情况下，批复后 HSE 经理会有一个为期 90 天的试用期。在试用期如果其工作能力和工作效果未能达到业主/项目管理咨询商的要求，业主/项目管理咨询商可以随时要求承包商更换 HSE 经理，且无需为此承担任何费用。

（3）HSE 人员职责

1）HSE 经理职责

主要职责包括：制定 HSE 计划、方案和程序，保证 HSE 要求和程序全面落实；开展 HSE 检查，定期与技术人员召开安全会议，并向雇主/项目管理承包商及承包商管理层提交 HSE 活动工作报告；开展风险管控和隐患排查治理，确保施工设备、工具和设施的使用、检查和维护能够按照 HSE 要求和相关法规进行；开展日常检查，对相关部门主管和员工行为进行监督，纠正其违规行为，在紧急情况下或重复的 HSE 隐患一直未改正时，有权要求其停止工作；开展突发事件预防，确保员工及行业公共安全，健康、环境、消防安全和现场使用的施工设备的财产安全；组织对不安全行为提出处罚建议并跟踪落实等。

2）HSE 工程师职责

现场 HSE 工程师根据分工配合现场 HSE 经理工作，工作内容包括但不限于教育培训、安全检查、隐患整改、事故预防等。

（4）承包商对 HSE 人员安全保障

在未取得业主/项目管理咨询商书面批准的情况下，承包商不可以从项目辞退任何 HSE 人员，或将其调到其他现场；在条件允许的情况下，承包商应为 HSE 人员提供独立住宿环境，消除现场 HSE 人员在住宿区被其他员工威胁的可能性；在某些特定环境项目现场，业主/项目管理咨询商往往会要求承包商应保证所有 HSE 人员均持有有效驾驶证或保证其在到达现场后的 30 天内取得驾驶证，并为 HSE 部门提供专用交通工具。

12.6　承包商 HSE 管理工作内容

（1）一般义务

施工期间，承包商应如实向项目所在地政府机构、保险公司和业主/项目管理咨询商报告项目现场发生的事故事件；项目现场开工前，承包商应全面了解项目现场状况和 HSE

工作要求，并对项目现场进行踏勘，掌握现场的潜在危险；承包商应向作业人员提供适当的方法、设备、工具和材料，保证项目现场工作环境和作业条件的安全；在施工作业活动开始前，承包商的 HSE 经理（代表、主管）应以项目合同和技术文件为基础，结合项目相关规定或其他要求，组织编制专项 HSE 工作计划、方案或程序，明确具体作业工作程序和相关责任人。

（2）文件提交

在施工作业开始前，承包商及其相关分包商应制定并向业主/项目管理咨询商提交下列文件：工作前安全分析（JSA）；有关人员资质和任命记录；项目现场使用设备的合规性书面证明；业主/项目管理咨询商批准的 HSE 通用方案、HSE 专项方案和程序文件。

（3）管理许可和方案

承包商应取得业主要求的各项许可和方案，并在现场工作开始前，将所有许可和方案提交给项目管理咨询商。 如果工程项目施工不要求办理上述管理许可和方案，应在项目现场开工前，向项目管理咨询商提交表明无需管理许可和方案的信函。

（4）风险管控

通常情况下，业主/项目管理咨询商会向承包商明确合同范围中承包商在施工区域内及其周围已知和潜在的风险。 但开工前，承包商还应在此基础上开展风险辨识、风险分析和风险评估，明确工作范围内已知和潜在的风险，制定管控措施，编制详细的工作安全分析报告，报业主/项目管理咨询商审阅并批准。 分包商应根据每日工作计划研究作业活动中已知的风险及其管控措施，形成安全任务分析表并在作业区域范围内公示。 在上述区域工作的所有员工及其主管应每日审阅上述表格并签字。 承包商也应审阅并签署上述表格，并在每班结束时将其返给业主/项目管理咨询商的 HSE 管理部门。

（5）培训

1）HSE 培训

承包商应为其员工提供工作指导并进行 HSE 培训。 承包商需提供有文件证明的培训，包括但不限于以下培训内容：新雇用、提拔或抽调员工的专项 HSE 培训、入场培训等；STA/JSA（安全工作分配/工作安全分析）工具使用方法的培训；安全风险辨识、分析、评估管控技能的培训。 培训工作应在员工入场前和相关作业开始前完成。

2）风险意识合规培训

承包商应对管理人员、监督人员、分包商以及专项作业承包商（包括班组长、队长、监督人员、施工经理、施工工程师、采购技术代表，以及项目经理和相同职位的人员）和 HSE 代表在内的所有员工进行风险意识教育及合规培训。 风险意识教育及合规培训应在员工进入项目现场开始工作后的一周内完成。

3）管理人员培训

所有现场监管人员与班组长必须参加雇主/项目管理承包商批准的安全培训课程，并达到规定的培训时长。通常情况下，培训的主要内容是安全标准和要求。此部分培训需在项目现场开工后的 60 天内完成。

4）特种作业人员培训

承包商应对进行特殊作业、活动或操作特种设备的员工进行针对其作业、活动或设备的专项培训。培训工作应在员工开始上述作业、活动前完成。

5）操作人员技能培训

承包商应对作业人员开展针对其工作内容的专项安全培训，培训时间不少于 8h。如：焊工应接受焊工安全培训，钢结构安装工、脚手架装配工和其他需要高处作业的工人应接受高处作业安全培训；密闭空间作业人员应接受密闭空间及容器进出安全培训；起重机操作人员和起重工、信号手应接受起重机操作和吊装安全培训；司机应接受驾驶安全意识和防御性驾驶培训等。

（6）会议

项目现场 HSE 会议包括但不限于以下几种：

1）周安全会议，应形成正式的会议记录。

2）日安全工作分配（STA）会议。审阅评估当日工作适用的安全工作分配，以及其他相关的 HSE 信息。

3）日班前会议。记录并签署日班前会议考勤表。日班前会议应以日安全工作分配（STA）为基础，讨论当日的工作范围、安全工作程序和安全措施。会议由班组长或区域主管在工作区域组织召开，每日开工前进行，持续 10～15min。

（7）记录管理

承包商应收集项目所在地法律法规、保存好员工保险赔偿或国内相关法规要求的所有相关记录。包括但不限于事故日志、年度总结等。

在工程项目作业现场应保存 HSE 活动、未遂事故、事故调查、员工宣传培训、班前会议等相关记录，并及时按要求提交给业主/项目管理咨询商。

（8）工作安全分析

项目现场所有作业任务要采用适当的方法和工具进行工作安全分析，明确风险防控措施。工作安全分析是现场作业前必须执行的硬性规定，各级管理人员要将工作安全分析纳入其现场日常工作中。在工作分配前，属地主管必须对员工作出工作安全分析指导。

承包商所有员工必须理解并遵循最安全的工作方式。同时，承包商应培养员工的安全意识，使员工能够在对既定安全行为不理解、属地主管未向其解释最安全的任务完成方式时，积极与属地主管进行沟通，讨论工作中可能存在的危害因素。

12.7　HSE 检查

承包商 HSE 经理（代表、主管）应组织开展日常的 HSE 检查并如实记录检查情况，同时将检查记录向业主/项目管理咨询商报备。同时，针对业主/项目管理咨询商或其他相关方在项目现场发现的安全隐患，承包商必须立刻组织对发现的风险、隐患进行整改。通常安全检查形式包括但不限于以下几类。

（1）日常检查

承包商应明确日常检查要求，作业人员在作业前应对所使用的工具、设备及所涉及的工作环境逐一进行检查，针对有缺陷的工具、设备予以标记并通知监管部门。同时，在每天交接班时，应检查其工作区内支护、通道、临时用电、基坑围护、与其他班组的隔离条件以及其他相关情况变化等，确保工作条件安全。

（2）每周区域安全评估

承包商应按照业主/项目管理咨询商要求，制定每周区域安全评估方案，组织开展每周区域安全评估。在开展安全评估时，业主/项目管理咨询商、承包商管理层、安全经理和现场安全员应积极参与，对所有工作区域进行安全评估检查，对评估结果进行量化评价。在评估检查中发现的不安全行为和隐患应该立刻进行整改。

（3）第三方 HSE 检查

除了雇主/项目管理承包商或保险公司代表的巡访和 HSE 检查外，一般承包商会按照雇主/项目管理承包商的要求，聘请第三方 HSE 管理组织随时对项目进行检查。聘请的第三方 HSE 管理组织一般为雇主/项目管理承包商、保险公司和管理机构指定的组织。

12.8　HSE 奖惩管理

HSE 奖惩管理包括但不限于纪律处分、HSE 处罚和安全激励计划等。

（1）纪律处分

承包商应严格遵守雇主/项目管理承包商的纪律处分程序。

1）严重 HSE 违规行为纪律处罚

严重 HSE 违规行为是指违反项目 HSE 规章制度，极有可能造成死亡、严重人身伤害、设备严重损坏、严重财产损失或停工的行为。 对于存在严重的 HSE 违规行为的承包商员工，承包商应予以书面警告，严重情况下应将该员工从施工现场解雇，且不得再次回到施工现场继续从事岗位工作。

2）一般 HSE 违规行为纪律处罚

一般 HSE 违规行为是指违反项目 HSE 规章制度，不太可能造成死亡、严重人身伤害、设备严重损坏或停工的行为。 存在一般 HSE 违规行为的员工，承包商应予以口头警告并记录。 对于再犯的员工，承包商应对其进行书面警告。 对于在一个自然年内出现三次一般 HSE 违规行为的员工，承包商应将其从施工现场解雇。

（2）HSE 处罚

通常情况下，业主/项目管理咨询商的 HSE 审查机构对承包商连续两周在每周区域安全评估中评分低于 80％ 的区域进行调查，确定导致安全性差的原因。 当雇主/项目管理承包商审查机构确定连续性安全性差是由现场监督人员或安全人员监管不足、管理力度不够导致的，雇主/项目管理承包商会要求承包商替换现场监督人员或安全人员，或者增加额外的现场监督人员或安全人员。 承包商应遵照调查结果，在接到书面通知后 7 日内替换或配备额外的现场监督人员或安全人员。

1）违规处罚费用

在业主/项目管理咨询商审查机构发出第二次报告或通知后，如承包商仍未遵守项目安全规章制度，仍未纠正导致人身或财产危害的安全违规行为，或者仍未提高 HSE 水平，则会被业主/项目管理咨询商收取承包商违规处罚费用。

2）罢免承包商人员

如承包商项目管理层拒不执行替换或增加额外的现场监督人员或安全人员的决议，雇主/项目管理承包商会通知承包商总部，要求罢免承包商相关项目管理层人员。

（3）安全激励计划

承包商应制定安全激励计划，提交雇主/项目管理承包商审查批准，以每周区域安全评估为基础，表彰良好的 HSE 绩效和安全行为，奖励 HSE 表现最好的管理人员和员工。承包商管理层应积极推动激励计划的执行，参与到表彰与奖励工作中，推动全员安全意识提升。

12.9　事故事件管理

承包商应按照合同要求做好事故事件管理，并按照当地政府、保险公司或者其他标准要求建立健全事故事件档案。事故事件档案应包括每起事故事件的调查报告及对相关人员的教育培训记录、工具箱会议上的事故事件分析讲解记录；事故事件台账；年度事故事件汇总、统计、分析记录；发布的事故事件案例简报等，并按照合同规定随时提供给业主/项目管理咨询商。

EPC One Project! One Team! One Goal!

第 4 篇　国际工程社会安全管理

社会安全管理是针对国际工程所在国（地区）因政局动荡、恐怖袭击、战争或武装冲突、宗教和部落矛盾、治安犯罪等，可能会对国际工程项目正常运行造成损害或损失的情况所进行的管理行为，是国际工程 HSE 管理的重要组成部分。 本篇重点介绍了项目社会安全管理机构及职责、动态社会安全风险评估、雇员本土化、中方人员社会安全培训、安保管理、设施安全、社会安全应急管理和安保检查等 10 个方面的内容，旨在使读者对国际工程社会安全管理有一个系统性的了解。

第**13**章

国际工程社会安全管理要求

13.1 项目社会安全管理机构及职责

（1）机构建立

涉外工程企业应逐级建立并完善社会安全管理机构，明确社会安全管理职责，包括但不限于社会安全管理委员会、安保主任、专职社会安全管理人员等机构和人员的管理职责。

（2）管理主要职责

社会安全管理机构主要职责是负责项目安全评估、人员培训、安保工作计划设计、安保工作执行、应急处置等各项工作的制度建立和执行。

13.2 动态社会安全风险评估

（1）项目所在国（地区）概况和安全形势

承包商应全面掌握项目所在国（地区）的基本信息，包括项目地理位置、社会人文、政治、宗教信仰、文化习俗、社区部落，到附近城镇的距离以及所需的交通工具和到达城镇所耗费的时间等主要信息。

（2）动态社会安全风险评估

承包商应在项目投标报价和项目执行阶段对可能遇到的社会安全风险进行动态评估，评估内容包括但不限于当地的社会治安、政治稳定性、动态政局发展趋向、军事活动和恐怖主义犯罪活动性等情况。同时应注意新增安全风险的关注和评估，根据风险评估结果，依照社会安全风险管理的要求，结合项目具体实际，对项目所在国（地区）的政治、经济、治安犯罪、恐怖袭击、武装冲突风险等进行详细评估，并识别可能面临的主要安全威胁，制定有针对性的项目社会安全防控措施，明确相应的营地防护级别和人员出行防护级别。

13.3 雇员本土化

承包商应严格按照项目所在国（地区）对雇员本土化要求控制中方人员的数量和中方员工的活动范围，确保最大限度地降低暴露风险。同时，针对社会环境和治安条件较差的项目所在国（地区），应对当地雇员进行所在地法律法规许可范围内的背景调查并及时采取措施降低风险。

13.4 中方人员社会安全培训

承包商赴海外员工在出国前应进行社会安全培训，培训工作一般委托专业培训机构实施。到达现场后，承包商应定期组织召开有针对性的社会安全培训，提高海外中方员工自救能力、应急应变能力和心理抗压能力。

社会安全培训内容一般包括境外安全形势、危险识别、突发事件应对和相关自救技能。

（1）境外安全形势

境外安全形势方面的培训内容应包括国际安全风险的表现特征和发展趋势、工程企业面临的境外安全风险类型、工程企业所在国（地区）安全风险及威胁、相关社会安全形势及事件案例分析、项目安保现状和形势特点等。

（2）危险识别

危险识别方面的培训内容应包括威胁的相关类型、恐怖组织的特征、恐怖/犯罪分子的惯用手法、恐怖/犯罪分子的攻击方式、各种威胁的规避方式和应对方式以及如何根据现场环境、自我特点等做出威胁评估等。

（3）突发事件应对

突发事件应对方面的培训内容应包括可能遇到突发事件的类型及特点、突发事件报告和响应程序、应急预案及演练要求、不同类型突发事件（包括枪击爆炸事件、绑架劫持事件、治安犯罪事件）的应对措施等。

（4）相关自救技能

相关自救技能方面的培训内容应包括如何避免成为恐怖/犯罪分子的攻击目标、社会安全信息收集分析、监视与反监视、如何利用自身特点应对攻击者、急救技能、GPS全球定位系统的使用、边远地区作业和夜间行动注意事项、野外生存能力训练、实用性逃生等。

系统的社会安全知识和技能培训，能够使员工在遭遇突发事件时，增强自救能力。

13.5　安保管理

承包商要与业主/项目管理咨询商确认责任界面划分，明确各自在营地外安保、现场作业周边安保和人员出行安保等方面的职责，有条件的项目可使用军队和武装警察，也可开展同国际专业安保公司的合作，雇佣国际专业保安公司，由武装护卫作为外层保护。内层安保最好选择中方安保公司。项目部应设置专职人员与安保公司进行日常工作对接。

（1）安保人员工作内容

武装安保人员驻扎现场负责控制施工区域、办公区域和营地的进出通道，同时负责现场外围警戒和巡逻。高风险地区中方人员出行一般视出行人数由一个或多个保护小组护卫出行，一个保护小组一般由8个军队士兵或武装警察和2台防弹车组成。项目部或内保公司负责办公区和营地内的安保，在办公区和营地出入口、警戒塔、保护区进行保安保卫和巡逻。

（2）安保人员数量确定因素

所需保安人数的确定需重点参考以下因素：

1）按营地的周界长度和出入口确定固定岗位保安人数；

2）保护施工现场所需巡逻人数；

3）执行护送和特殊任务人数；

4）每日轮班模式（3×8h或2×12h），以及备勤人员；

5）快速反应力量。

（3）安保装备

安保人员的装备配备一般根据风险等级和防护级别以及安保公司、业主/项目管理咨询商规定、要求进行配备，主要包括但不限于以下装备：

1）对讲机；

2）武器（手枪、步枪、机枪及其他非致命武器）和满弹弹夹；

3）防弹车或四驱皮卡车；

4）防弹头盔、防弹衣、防弹背心；

5）便携照明设备；

6）手机、卫星电话。

13.6 设施安全

（1）营地设置要求

承包商应采用加强围栏、增配安保力量、安装监控设备等手段保证营地安全。可选择在主干道沿线开阔的高地上设置营地，适当远离主干道，周界围栏以外100m内不允许出现建筑和社区住所，并且有足够大的占地面积。

承包商应设置一条远离主干道通往营地的路线，路线与主入口保持一定角度，设置机动车减速装置，外部/来访者车辆停在营地外专用停车位，设检查站，由持枪的军队/保安检查进入营地的内部车辆和人员。整个营地只设一个入口及应急出口。应急出口应能够保证出现紧急情况时人和车辆迅速撤离，而不容易从外部被发现和进入。

（2）关键区域

关键区域如发电机、控制室、通信设施等应远离营地周界，采用强化物理防护措施，如设立栅栏、围墙、围笼等，设置警报系统，聘请军队/保安值守或巡逻，未经授权不得进入，控制总开关设置在有24h值班的控制室。

（3）周界及通道

在营地周界设置围栏（含栅栏、土墙、水泥墙）；营地周围建立互连3m高金属栅栏，栅栏设入侵探测系统，顶部设约1m高的带刺铁丝网或者在底部设置蛇腹形带刺铁丝网。壕沟处于最外层，宽约4m，深约3m；护坡主要由护道和蛇腹铁丝网构成，至少高2m，宽约3m（底部），蛇腹铁丝网需为三层，置于护坡边缘，支柱最大间距为5m。

同时营地四周设4个警戒塔，能控制四周环境，进行360°观察。营地设置唯一的出入口，不使用情况下出入口处于关闭状态，设置车障和减速坡，对来往车辆进行检查及速度控制。清除营地周围2m内的植物，防止攀爬或妨碍巡视视线。对办公区等受限建筑须采取可读取识别数据的大门，如指纹识别、面部识别，严禁无关人员入内。

营地全部区域设置照明和电子监视器，来访者车辆停在营地外，所有人员进入营地应持通行证并接受检查登记。军队、保安应配备手电筒及车底检查镜，检查进入车辆。营地和周界需有足够的照明和备用电源，保证军队/保安可以观察到周界栅栏。

（4）门窗和通风孔的功能

门窗应坚固，紧密固定在外门的砖墙上并用铁皮加固，安装优质门锁（双钥匙单栓锁）、门链及门镜。应急出口门和外门应选用相同的标准，要考虑"应急"逃生门、进出警报和插锁。 外门和应急出口门上应放置"进出小心"警告标识，并将钥匙放在附近透明盒子内，内门必须结构坚固，如安装在普通区域或受限区域间，应安装安全锁。

窗户应配有安全栓或具有防爆功能，贴防爆膜防止爆裂和阻止强行闯入，最好具备带钥匙窗锁。 所有无关紧要的窗户应用砖砌封；地下室、一楼或其他容易进入区域的窗户必须固定在周围砖结构内，防护窗须设计牢固，应在内部固定，必要时可锁。

送风设备和管道需要保护以防止入侵和破坏，室外机组应安装在金属笼子内，管道进风口应安装格栅。

（5）照明系统

营地照明应覆盖全部区域，并设置电子监视器。 发电机应设置围栏，CCTV（闭路电视监控系统）监控须配备备用发电机及应急电源，军队/保安要对架空线路进行日常巡视，安保经理负责照明控制。 检查站要提供足够的照明及备用电源，便于检查人员和来往车辆。 周界灯柱要提供足够的照明，以便发现攀爬、破坏周界设施的人员。 检查站、瞭望塔等处应配置大功率照明设施，以照亮大面积区域。 营地内应广泛使用落地泛光灯，照亮不易发现区域并不易被外部发现。

（6）CCTV与入侵探测系统

出入口、周界、关键区域须设置CCTV，摄像头的清晰度至少应为480线。 摄像头应安装在距地面4～5m之间，提供重叠覆盖数据记录设备应保存在拥有报警系统的房间内。

营地实施24h监控，记录数据可回放并至少保留30天，可外置存储盘。 军队/保安应每天巡视检查CCTV设施状态并定期维护。

入侵者探测系统可以探测进入保护区的入侵者，并能和摄像头实时联动监测。

关键区域、周界的栅栏将选择性采用该套系统，防止非授权或无关人员进入。

（7）限制区域与受保护区域

限制区域为营地周界外部，包含从营地周界视线以内的外部环境以及需要巡查的基础设施到受保护区域，整个营地周界属于限制区域，禁止无关人员长期逗留。 采用格栅、CCTV、灯光等提供监控，军队/保安应定期巡视该区域，防止相关人员进入或破坏。

受保护区域为营地周界，以营地周界为界，该区域包括栅栏、地面和大门，周界内中方员工办公、住处及车辆均应为受保护区域，该区域外应有军队/保安巡视，夜间配备足够的巡更小组。

（8）信件和邮件管理

信件与邮件均使用电子邮件或传真，尽量降低邮包可能带来的安全风险。 应告知属地员工或分包商禁止接收不明邮件或包裹。 经证实确需接收的邮件，要仔细检查邮件上痕迹、味道、邮戳、字体。

需人工送达的邮件或文件，经项目经理、安保经理等责任人签字后，由专门安保队伍负责送达。

（9）钥匙管理

钥匙数量要尽量保持最少，使用钥匙要在管理员处登记授权使用。

相关区域的钥匙由其属地负责人负责管理，严禁私自复制，如丢失钥匙，应立即换锁。

（10）警报设施

营地须设立一个区别于火警系统的安全报警系统。 报警扬声器应安装在从地面平视看不到的位置，如营房顶部。

营房内部应在每个楼层安装足够的报警扬声器。 在值班室、岗哨、经理室、财务室、会议室等区域都应该设有警报按钮。

（11）避难所配置

建造避难所的主要目的是当营地受到攻击时，为人员提供人身安全保障。 所有避难所的门应安装能从内部上锁的锁定插槽，并可以控制基地警报器。

避难所内应存放未开封的水、食物、通信和医疗设备等应急物资。 避难所应配备简易卫生间及相关设施。

13.7 动态安保管理

对于社会安全高风险地区，除营地中作业人员必要的施工出行外，应取消其他人员不必要的外出；确保与工程企业总部、当地政府、大使馆保持经常可靠的联系；每次出行前应考虑出行的必要性，制定计划，严格保密出行信息，加强安全保障，并严格按程序执行；安保人员应采用专车进行武装护卫，施工人员采用防弹大巴接送，临时出行人员采用防弹越野车护送；动态安保基本限于项目营地与施工现场以及项目营地至机场之间人员的动迁。

（1）安保确认和风险评估

出行前安保公司工作人员需联系雇主/项目管理承包商安保控制中心，确认安保信息及出行线路的安全状态。 应提前做好路线风险评估，对可能出现的恶劣天气、突发社会安全事件、过境延迟等对本次出行影响较大，危及人员生命安全的问题，制定应对计划。若存在的风险无有效应对措施，则应停止出行；如各项保护措施落实到位，经允许后方可出行。

（2）路线选择和出行管理

外出路线的选择要尽量避开存在游行示威、武装抢劫、阻拦道路或者存在其他任何可能威胁道路安全的地段，应规划和选择多条备选路线，以降低风险。

车辆在每次使用前，驾驶员应对车辆进行安全检查，确保车辆机械性能良好，油料充足，应急设施可靠，必要的安全设备配备到位。车辆调度负责监督车辆检查，定期维护保养工作。

编队行驶：项目规律性、规模性外出时，应对车辆编队出行，通常情况应禁止单车外出。原则上安保应急车辆作为先导车，位于车队最前方，还可作为应急备用车，当其他车辆在路途中抛锚时，其可以负责侦查、提示工作；后面的车辆乘坐中方人员（副驾驶位置及驾驶员应均为安保公司的武装护卫安保人员），每组车辆不宜超过 3 辆，且每辆车都固定成员，并指定一名车辆监督。

控制车速：所有外出作业车速控制必须严格遵守交通安全管理规定。在行驶过程中，驾驶员应根据自身的控制能力、车辆的现状（要考虑到载重量、车胎情况和刹车系统等）、路面和天气状况等保持安全速度，不得超速行驶。

保持车距：行驶中车距应保持在 100m 左右，过检查站的时候保持在 10m 左右，争取快速通过，中途停车时至少保持 15m 车距，以免紧急情况不便倒出和超过其他车辆。停车时，车距应视地形和勘察的危险情况以及周围环境等而定，以保护车辆安全。

不安全地段：车辆监督应提醒驾驶员停车并保持警惕，待前面车辆清除障碍后再前行。

安全通信：出行车辆必须配备两种或两种以上有效通信工具（车载电台、对讲机、卫星电话），与营地控制室保持连续联系，并做好联系记录。控制室监护人应对车辆的出行情况实时监控。除手机、卫星电话等有效通信工具外，为了外出中车辆之间保持联系，每个车辆监督应携带一台对讲机。

常备安全措施：车队尾车应准备一套随车工具、拖拉绳等设备，以备应急使用。出行期间临时停车驾驶员需要离开车辆时，应切断电路，锁好车，拉紧手制动。

当车辆抵达作业现场或工作地点后，车队负责人应向项目部营地联络负责人告知车辆已经抵达和安全状态等。车队准备启程返回营地时，车队负责人应通知营地出发时间和预计抵达营地时间。实际抵达目的地后，车队负责人应汇报当日外出路途异常情况等。

如果外出车辆与控制室失去了通信联系，应立即启动应急程序。

13.8 流动性作业安保管理

流动性作业是指离开固定施工场所和营地，在野外或者分散地点进行的作业，如勘测作业、管道施工和检修、野外运输、输配电线路作业等。

作业前应对沿线情况进行地理、环境等综合踏勘，将可能遇到的河流、铁路、公路、桥梁、村庄或居住点、军事管理区等进行详细记录，熟悉路线环境，辨识和分析危险源，制定相应的预防和安全控制措施；作业出行前应做好行程保密和出行路线规划，按照当地安保风险情况配备安保护卫，配备有效的通信工具；可能存在与当地居民接触的流动性作业，应注意处理好与当地居民关系，尊重当地居民生活习惯、宗教信仰和生活方式等。

13.9 社会安全应急管理

承包商应成立应急工作领导小组，应急工作领导小组负责分析、评估社会安全信息，做出预警级别判定，应急工作领导小组组长负责发布预警指令。如遇到突发事件，应配合业主/项目管理咨询商及营地安保方进行应急情况应对，听从统一指挥。如在处于营地之外的区域遭遇社会安全事件，则按业主/项目管理咨询商要求和应急预案要求进行处置和应对，应急响应由所在地事发时在场的主要负责人进行指挥。

（1）应急物资储备

日常需要准备一定数量的应急备用金（美元、欧元和当地货币）、医疗急救包，储备正常日消耗量2倍的食物、饮用水、燃油等生活必需品。另外还需要按照1.2倍员工日消耗量配备应急食品、饮用水等应急物资。

（2）紧急转移和撤离

当社会安全事件可能危及员工生命安全时必须组织员工紧急转移。当政府不能对事态进行有效控制，存在进一步扩大态势，可能威胁员工生命时必须组织人员紧急撤离。紧急转移和撤离工作由承包商应急领导小组负责组织。

13.10 安保检查

承包商各项安保措施的落实情况需要进行有计划的检查以检验其执行情况，包括但不限于：

定期检查：按照安保风险管理中的规定，定期开展安保综合检查；

不定期检查：在重大节日、社会安全形势突变、重大活动、全球恐怖势力活动情况发生变化等情形下，组织人员进行社会风险评估和检查；

日常检查：由中方安保协调员对社会安全进行经常性的检查。

EPC

One Project! One Team! One Goal!

第 5 篇   工程总承包全过程管理实践

　　工程总承包全过程管理是运用体系思想、全过程思维、大质量概念对工程项目实施管理的一种思维方式，从 HSE、质量、进度、费用、合同和风险管理入手，贯穿于设计、采购、施工和试运行全过程。 本篇从工程总承包全过程管理出发，分别对工程总承包设计、采购、施工和试运行全过程管理提供科学组织和有效实施方法，旨在为工程总承包企业管理者提供要求和评价准则，让国家标准在工程建设管理中更有效地发挥作用。

第**14**章

工程总承包全过程管理

14.1 引言

本章结合现行国家标准《质量管理体系　要求》GB/T 19001 和《建设项目工程总承包管理规范》GB/T 50358，运用体系思想、全过程思维、大质量概念，从工程总承包的组织和策划、设计和开发、采购管理、实施过程控制和绩效评价五个方面，对工程总承包全过程管理进行阐述，旨在为工程总承包企业管理者提供要求和评价准则，让国家标准更有效地发挥作用。

14.2 工程总承包的组织和策划

（1）工程总承包定义

依据合同约定对建设项目的设计、采购、施工和试运行实施全过程或若干阶段的承包。工程总承包可以是全过程的承包，也可以是分阶段的承包。工程总承包的范围、承包方式、责权利等由合同约定。

（2）工程总承包管理的组织

最高管理者应确保组织相关岗位的职责、权限得到分配、沟通和理解。在现行国家标准《质量管理体系　要求》GB/T 19001 中，"组织"被定义为实现目标，由职责、权限和相互关系构成自身功能的一个人或者一组人。组织结构就是组织正式确定的使工作任务得以分配、组合和协调的框架体系。在实际的工程项目管理活动中，最高管理者应合理地设置组织机构，建立项目管理机制，分配职能和权利，包括选择合适的人员从事某项工作等。组织结构和组织的岗位不是一成不变的，应结合组织内外部环境进行优化和调整，以提高组织绩效，实现组织目标。从组织行为角度看工程总承包全过程管理，组建工程总承包项目团队在工程项目管理中非常重要，没有高质量的团队就没有高质量的项目，而根据项目目标组建适宜的项目管理团队是工程项目成功的前提和保障。

（3）工程总承包项目有关要求

在现行国家标准《质量管理体系　要求》GB/T 19001 中，"要求"是顾客或其他相关方的需求或期望的具体、明确的体现。顾客和相关方的需求和期望有时候比较模糊、抽象，将这些需求和期望变得比较明确、显性和直接，就形成了要求。组织不仅要理解顾客对产品和服务的要求，由于相关方对组织稳定提供符合顾客要求及适用法律法规要求的产品和服务的能力具有影响或潜在影响，也应理解相关方的要求。 在充分理解顾客和其他相关要求的基础上，对相关要求进行评审，确定组织是否具有满足顾客和相关方要求的能力。 顾客资源是工程企业最重要的战略资源之一，是工程建设企业赖以生存发展的前提和基础，赢得和拥有顾客就意味着工程建设企业拥有了在市场中继续生存的理由，而赢得顾客、拥有顾客和管理顾客是工程企业获得可持续发展的动力源泉。 工程企业应以顾客满意为目标，而满足顾客要求，是顾客满意的前提与基础。 工程建设企业应在满足顾客及相关方要求的前提下，与其保持良好、有效的沟通，减少与顾客及相关方之间的冲突，为顾客提供优质服务。 在提高顾客满意度的同时，提高工程企业的声誉，并赢得市场。

（4）工程总承包策划控制

为满足产品和服务提出的要求，并实施应对风险和机遇所确定的措施，组织应通过以下措施对所需质量管理体系及其过程进行策划、实施和控制：确定产品和服务的要求；建立过程、产品和服务接收的准则；确定所需的资源以使产品和服务符合要求；按照准则实施过程控制；在必要的范围和程度上，确定并保持、保留成文信息，以确信过程已经按策划进行，以证实产品和服务符合要求。

策划的输出应适合于组织的运行。 组织应控制策划的变更，评审非预期变更的后果，必要时，采取措施减轻不利影响。 组织应确保外包过程受控。 项目策划应满足合同要求；同时应符合工程所在地对社会环境、依托条件、项目干系人需求以及项目对技术、质量、安全、费用、进度、职业健康、环境保护、相关政策和法律法规等方面的要求。 项目策划的范围应涵盖项目活动的全过程所涉及的全要素。 项目策划还要涉及项目优化与深化，考虑应急条件、模块化、装配式建筑等费用问题。 项目策划应结合项目特点，根据合同和工程总承包企业管理的要求，明确项目目标和工作范围，分析项目风险以及采取的应对措施，确定项目各项管理原则、措施和进程。

（5）工程总承包组织和策划关注的重点工作

1）在工程总承包组织管理中关注：工程总承包项目管理原则；任命项目经理和组建项目部；项目部的职能和岗位设置及管理；项目部各岗位人员能力要求；项目经理的职责和权限等。

2）在工程总承包项目有关要求中关注：顾客沟通；确定项目有关要求；项目有关要求的评审；项目有关要求的风险评审；项目有关要求的更改；项目投标管理要求；项目投标报价知识管理等。

3）在工程总承包策划控制中关注：企业工程总承包业务策划和控制；项目的策划和控制；项目风险和机遇管理的策划；项目知识管理的策划和控制等。

14.3 工程总承包项目的设计和开发

（1）设计是做好工程总承包项目的前提

组织应建立、实施和保持适当的设计和开发过程，以确保后续的产品和服务的提供。产品和服务的设计和开发是产品实现的一个重要过程，对生产的产品和提供的服务最终能否满足顾客和法律法规要求，能否满足组织的战略要求，包括相关方的要求有着极其重要的作用。 组织应做好设计和开发的策划、输入、控制、输出和更改工作。

（2）设计应满足合同要求

设计应满足合同约定的技术性能、质量标准和工程的可施工性、可操作性及可维修性的要求。

（3）设计控制要求

根据工程总承包项目的特性，充分体现工程总承包项目特点，考虑投标报价时的方案优化，设计阶段的深化设计，新材料、新设备、新工艺、新技术的应用，以及信息技术（包括 BIM 的应用等）、项目创优、施工图审核配合、设计与采购和施工接口关系、设计对试运行的指导作用等方面的要求，综合确定总承包工程设计项目的控制要求。

（4）设计和开发关注的重点工作

在设计和开发中关注：设计合同控制；设计策划；设计输入；设计控制；设计输出；设计变更；设计分包的控制；设计与采购、施工和试运行接口的控制等。

14.4 工程总承包项目采购管理

（1）采购定义

为完成项目而从执行组织外部获取设备、材料和服务的过程，包括采买、催交、检验和运输的过程。

采购是 EPC 工程总承包全过程管理中的重要环节，是项目的利润核心。 其工作内容包括：选择询价厂商、编制询价文件、获得报价书、评标、合同谈判、签订采购合同、催交与检验、运输与交付、仓储管理等。

（2）实施采购

采购部门应按照设计部门提出的技术要求及采购文件进行物资采购，严格控制采购产品的质量。依据采购计划并结合工程实际进度，通过招标、谈判等方式，选择合格的供应商，以经济合理的价格签订物资供货及服务合同，优质高效地组织监造、催交货、物流运输、安装调试、验收、资料交接，以及项目所有物资的收发存储等工作，通过工程项目采购全流程管理，控制好物资采购的数量、价格与进度，贯彻项目采购全生命周期成本的理念。

（3）采购控制要求

工程总承包企业应对工程总承包项目采购过程和采购产品的质量实施控制，确保采购物资满足合同要求和工程使用要求。

1）工程总承包企业应根据工程总承包项目的技术、质量、职业健康安全、环境、供货能力、价格、售后服务和可靠的供货来源等要求，并基于供应商的资质、能力和业绩等，确定并实施供应商评价、选择、再评价，以及绩效监视和后评价的准则。

2）应保持对供应商的评价、选择、绩效监视和再评价的记录。在下列情况下，应确定对供应商提供的过程、产品和服务实施控制：

a. 供应商提供的产品和服务将构成工程总承包项目的一部分，例如，从外部供方采购的用于工程总承包工程的设备、构配件、建筑材料，以及供应商提供的技术服务、技术指导等；

b. 特殊情况下由供应商代表本企业直接向顾客提供的产品、过程或服务。

（4）采购管理关注的重点工作

在项目采购管理中关注：项目采购原则的制定；供应商管理；采购合同管理；采购工作程序；采购执行计划；采购的控制；采购与设计、施工和试运行的接口控制；外部供方管理等。

14.5　工程总承包项目实施过程控制

（1）工程总承包的组织应在受控条件下提供生产和服务

生产和服务提供过程直接影响产品或服务的质量，组织应确定要求，针对产品或服务的性质，对所有与生产和服务提供过程相关的活动进行考虑和有效控制，以满足组织或顾客的各种要求。

（2）工程总承包项目实施过程控制

控制是项目管理的重要活动之一，控制的目的就是使产品和服务质量满足顾客以及法律法规等方面提出的要求。控制的对象包括产品和服务形成全过程各个阶段的活动。为了使项目相关活动得到有效控制，组织需要：规定适宜的要求；让所有相关人员遵守规定的要求；采取措施达到要求；提供预期的产品和服务；识别需要进行的改进之处。控制具有动态性，因为项目要求会随着时间的进展而不断变化，因此组织需要不断研究新的控制方法，才能更好满足新的要求。项目控制是项目管理者根据项目跟踪提供的信息，对比原计划（或既定目标），找出偏差，分析原因，研究纠偏对策，实施纠偏措施的全过程。工程总承包项目实施过程控制主要包括综合变更控制、范围变更控制、质量控制、风险控制、费用控制和进度控制等内容。

（3）工程总承包项目实施过程控制原则

工程总承包项目部应对工程总承包项目实施的全过程进行控制，确保项目实施过程始终处于受控状态。工程总承包项目实施过程包括项目启动、策划、实施、控制和收尾等，项目管理内容包括项目进度、质量、安全和环境、费用、资源、沟通和信息、合同、风险、收尾等。

（4）工程总承包项目实施过程控制要求

1）项目经理应行使项目管理职能，实行项目经理负责制。

2）项目部应获得适用的法律法规、技术标准规范及验收规范、作业指导书、工程图纸、工程总承包合同、设计分包合同、采购合同、施工分包合同等文件，并按要求实施。

3）应配置与项目适宜的监视和测量资源，并实施监视和测量。对于工程总承包中过程结果不能由后续的检查、试验加以验证的过程，在策划时应予以确定，并明确对所使用的设备认可和人员资格的认定，使用的特定方法和程序等，必要时实施再确认。

4）在工程勘察、设计阶段，工程总承包企业应按照合同要求进行深化设计，做好投资控制，并控制施工图设计进度。施工图应进行设计可施工性分析，确保工程质量。施工图设计完成后，设计应配合项目变更进行施工图审查及修编工作。

5）在项目采购（分包）工作中，组织签订采购（分包）合同，进行采购（分包）合同交底，执行采购（分包）合同，进行采购（分包）总结及评价等。

6）在施工和试运行过程管理重点做好质量控制、安全、职业健康和环境保护控制、进度控制、合同及费用管理、档案（信息）管理、风险管理和沟通协调管理等。

7）项目进入收尾阶段后应进行现场清理、项目竣工结算、竣工资料移交、项目总结、项目团队绩效考核、EPC 项目部解散、工程保修与回访等工作。

8）应进行工程划分并报批，根据工程划分确定质量控制点、级别及检验批。

9）项目部应对原材料、设备、构配件进行进场检查验收，有复试要求的材料按规定要求进行复验。

10）应正确使用监视和测量资源，实施监视和测量。

11）应采取措施防范人为错误。措施可包括：增加标识；设置警示、联动、限位装置；改进工器具的性能；用自动化代替手工作业；实行班前培训、班后检查，必要时实施样板引路；创造良好的作业环境和人文环境，安排合理台班时间，防止操作人员过度疲劳等。

12）应对过程工序、最终产品的验收交付和交付后活动按规定要求实施控制。

14.6 工程总承包项目实施过程控制关注的重点工作

在项目实施过程控制中关注：项目施工管理；施工与设计、采购和试运行的接口控制；项目试运行管理；试运行与设计、采购和施工的接口控制；项目风险管理；项目质量管理；项目职业健康安全和环境管理；项目进度管理；项目费用管理；项目资源管理；项目沟通与信息管理；工程总承包合同管理；项目收尾；标识和可追溯性管理；顾客或外部供方的财产的控制；工程总承包项目的防护；工程总承包项目移交后的服务；工程总承包项目更改的控制；工程总承包项目放行的控制；工程总承包项目不合格品的控制等。

14.7 工程总承包项目绩效评价

（1）绩效评价

组织应通过监视、测量、分析和评价、内部审核以及管理评审活动对绩效进行评价，确定和选择改进机会，并采取必要措施，以满足顾客要求和增强顾客满意度。工程总承包项目应明确检查的内容、范围和频次，应分阶段、多维度组织对项目实施的中间成果和最终成果实施检查。采取总结、统计分析、调查对标等方式，确定改进的需求，并实施改进，以不断增强顾客满意度。

（2）检查

1）项目策划阶段的检查

工程总承包企业生产管理部门应依据项目策划的有关规定，对工程总承包项目的策划过程和策划文件进行监督检查，重点检查策划的及时性、策划文件的适宜性和完整性，以及策划要求实施的有效性，确保策划过程和策划结果满足要求。

2）项目实施过程的监督检查

工程总承包企业生产部门应根据项目具体情况制定监督检查计划，根据项目特点及实施的不同阶段，确定检查内容和检查重点。监督检查人员按照监督检查计划实施监督检查，监督检查结束后编制并下发监督检查报告。监督检查报告应包括检查内容、检查发现的问题及整改要求。应跟踪确认问题整改到位。相关职能部门应按照与项目部签订的项目管理目标责任书，对项目部进行考核。

3）中间成果和最终成果的检查

工程总承包企业应建立设计成品质量检查和评定制度，对设计成果进行抽查或复查，及时发现设计文件存在的质量问题，减少对工程质量的影响。对检查结果进行评定和通报，减少同类设计错误的重复发生。应在项目竣工验收前，组织相关设计人员参加工程的"三查四定"，对已完工程与设计要求的符合性进行检查。项目部在项目竣工验收前组织施工分包单位"三查四定"，查找工程质量隐患并及时整改。工程完工后，项目部应向建设单位提出竣工验收申请，并配合其组织的工程竣工验收。发包方、监理、质量检查机构或政府主管部门对项目质量检查发现的问题，应组织相关施工分包单位或供应商进行整改或处理，保留相关记录。项目实施过程中对检验批、分项、分部（子分部）工程的质量要求验收，应按工程总承包项目放行的控制要求进行。

（3）改进

1）工程总承包业务的改进需求

工程总承包企业应建立工程总承包业务的改进机制，采取总结、统计、分析、调查、对标等方式，确定改进的需求，并实施改进。

a. 收集、整理各层面、各类检查发现的工程总承包项目管理的典型问题，进行归类、统计和原因分析，确定需改进的内容；

b. 收集工程总承包项目发生的各类采购和施工质量不合格问题以及质量事故、事件，进行原因分析，确定改进的需求；

c. 在项目实施过程中通过与外部相关方沟通，收集与项目管理有关的意见和建议，确定改进的需求；

d. 通过工程项目回访、顾客意见调查收集顾客或相关方的意见，进行统计分析，确定改进的需求；

e. 通过调研、交流、学习，或开展同行业先进企业对标，查找本企业工程总承包管理的差距，确定改进的需求；

f. 通过工程总承包项目总结，对项目运行管理中的经验、创新点予以总结和积累，对出现的问题或教训认真分析原因，确定改进的需求；

g. 对合同履行情况进行总结和评价，查找问题，确定改进的需求等。

2）确定质量改进措施

a. 对设计成果质量抽查或复查发现的问题，设计文件外部审查、设计回访、设计原因导致的设计变更等设计质量问题，进行统计、分类，分析原因，确定改进措施；

b. 对工程总承包项目质量事故、事件进行调查分析，分析原因，确定改进措施；

c. 对工程总承包项目施工过程中和验收过程中发现的质量不合格进行原因分析，确定改进措施；

d. 对采购的设备、材料、构配件在进厂检验或安装、使用后发现的不合格品进行统计分析，确定改进措施；

e. 在工程保修期内收集发生的保修事项，分析故障原因，确定改进措施等。

（4）实施改进

工程总承包企业应根据确定的改进内容制定有针对性的改进措施，确保改进措施的实施能够实现改进的效果：

1）改进管理方法；

2）采取措施提高管理人员、技术人员的能力和水平；

3）调整或增加项目资源配置（人员、软件、标准规范、作业指导文件、测量设备等）；

4）完善管理体系、项目管理制度、管理流程、管理界面、技术和管理接口等；

5）改进知识管理程序；编制设计模板、标准化设计等；

6）必要时，可考虑业务的调整等。

应实施确定的改进措施，并验证措施的有效性和实施效果。

（5）绩效评价

1）工程总承包业务的经营绩效评价

工程总承包企业应通过以下方面的内容，评价工程总承包业务的经营绩效：

a. 工程总承包业务年度经营目标的制定及完成情况；

b. 制定和完成的年度经营指标应适应企业中长期发展规划的目标；

c. 一年来，工程总承包业务新市场的开辟情况，总承包业务的增长情况；

d. 一年来，工程总承包业务的中标率增长情况；

e. 工程总承包业务人均产值指标增长情况；

f. 工程总承包业务的盈利能力、利润率指标在同行中所处的位置等。

针对上述绩效指标与竞争对手、同行标杆企业进行对比分析，找出优势、劣势和差距。

2）工程总承包业务的管理绩效评价

工程总承包企业应通过以下方面的内容，评价工程总承包业务的管理绩效：

a. 本企业项目管理体系、绩效考核体系、激励机制、人才培养机制等对工程总承包业务发展的支撑作用；

b. 工程总承包项目获得的相关方的赞扬、表扬，以及获得的优质工程奖、鲁班奖、专利，或其他奖项；

c. 工程总承包项目应用新材料、新设备、新工艺、新技术成果的情况；

d. 管理人员队伍建设、人员培养等方面取得的成效；

e. 通过学习、培训、项目管理实践，培养工程总承包管理的高素质人才的情况；

f. 对项目管理体系、管理流程的改进情况；

g. 工程总承包业务的外部评价情况等。

3）工程总承包项目的绩效

工程总承包企业可通过对已完成的工程总承包项目，通过以下方面评价项目的绩效：

a. 项目管理目标责任书的完成情况；

b. 项目绩效指标的完成情况；

c. 项目知识管理取得的成效；

d. 项目风险控制的效果；

e. 项目进度控制、费用控制的效果；

f. 工程质量状况，包括工程竣工验收、试运行、开车及性能考核的情况；

g. 对分包方实施控制的效果，如对分包方重复发现同类问题的情况，分包方问题整改的及时性、效果等；

h. 项目实施过程中是否发生质量、职业健康、安全和环境事故的情况；

i. 工程保修期内出现故障的情况；

j. 项目资料的完整性及整理归档的及时性；

k. 发包方或监理单位对项目部的评价等。

14.8   结语

现行国家标准《建设项目工程总承包管理规范》GB/T 50358 主要是从质量、安全、费用、进度、职业健康、环境保护和风险管理入手，并将其贯穿于设计、采购、施工和试运行全过程，全面阐述工程总承包项目的全过程管理。 在该规范应用的基础上，研究工程总承包全过程的组织行为和管理与现行国家标准《质量管理体系　要求》GB/T 19001 的"策划－实施－检查－处置的 PDCA"过程方法和基于风险的思维是一致的。 在新时代下做好 EPC 工程总承包全过程管理，关键是制定规则和遵守规则。 在实践中，企业管理者只有遵守规则，才能实现高质量发展方式持经达变，增加企业的组织动力，使企业在工程建设领域行稳致远。

第**15**章
工程总承包设计全过程管理

One Project! One Team! One Goal!

15.1 引言

本章结合现行国家标准《质量管理体系　要求》GB/T 19001 和《建设项目工程总承包管理规范》GB/T 50358，从组织行为看工程总承包设计全过程管理，从工程设计管理基本要求、设计策划控制、设计输入、设计控制、设计输出、设计变更、设计分包控制、接口控制以及设计全过程管理的重点工作九个方面，对工程总承包设计全过程管理进行阐述，旨在倡导工程设计指导采购、施工和试运行的管理理念，使工程总承包设计在工程建设过程中有效地发挥龙头作用。

15.2 工程设计管理基本要求

（1）设计定义

设计是将项目发包人的要求转化为项目产品描述的过程，即按合同要求编制建设项目设计文件的过程。

（2）设计应满足合同要求

设计应在满足合同约定的技术性能、质量标准和工程的可施工性、可操作性及可维修性的要求外，还应满足应急条件要求。

（3）设计是做好工程总承包项目的前提

相关内容可参见 14.3 节第（1）条。

（4）项目活动应与设计文件保持一致

工程总承包项目管理活动应与设计文件保持一致，只有从设计出发对工程总承包项目实施全过程的管理，才能使设计有效地指导采购、施工和试运行工作，才能使项目全过程管理活动得以有效控制。

15.3 工程设计策划控制

（1）设计策划要求

根据工程总承包项目的特性，充分体现工程总承包项目特点，考虑投标报价时的方案优化，设计阶段的深化设计，新材料、新设备、新工艺、新技术的应用，以及信息技术（包括 BIM 的应用等）、项目创优、施工图审核配合、设计与采购和施工接口关系、设计对试运行的指导作用等方面的要求，综合确定工程总承包项目设计策划的控制要求。

（2）设计策划

设计策划应编制设计计划。设计计划应满足项目合同要求，还应满足应急条件，并以项目总体计划为指导。

（3）项目设计计划的主要内容

明确项目背景及工程概况；明确项目定位和目标，目标应包括质量目标、进度目标、费用目标等；识别项目风险，制定应对措施；根据设计项目的性质、设计周期、项目的复杂程度等，明确设计内容、范围；明确项目的进度要求；项目总进度计划充分考虑设计工作的内部逻辑关系及资源分配、外部约束等条件，并应与工程勘察、采购、施工和试运行等的进度协调；对资源的特殊要求，包括确定设备、软件、成果表达所需的技术要求、BIM 等技术的应用、特殊或专用的技术标准等要求；组建项目团队，明确参与项目人员的职责；明确参与工程设计项目的不同部门或不同专业之间的接口关系和接口方式；明确分包方或其他合作方的职责、工作内容、工作要求及成果验收标准、验收方式及时间要求；对设计输出文件的深度、内容、格式要求；根据项目的规模、技术复杂程度、项目目标、参与设计人员水平等因素确定设计评审的内容、方式和时机；对施工参与设计方案评审做出安排，通过可施工性分析，提出设计应考虑的措施或意见等。

（4）提出风险应对措施

在设计策划阶段应根据项目的特点，对工程设计风险进行识别、分析和评价，针对评价结果提出风险应对措施。

15.4　工程设计输入

（1）设计输入

应根据工程设计的类型、设计阶段、专业特点、技术复杂程度等确定设计输入的要求。设计输入包括项目级、专业级的输入，各级输入应明确负责人。

（2）设计输入评审

应采取适宜的方式，对设计输入进行评审，确保设计输入充分、适宜、完整、清楚、正确，避免矛盾的信息，保证设计输入能够满足开展工程设计的需要。应保存设计输入的记录。

（3）设计输入相关要求

专业之间委托的设计条件必须经过校审。 合作方提供的外部技术条件应经合作方和项目负责人双方确认。 设计输入应进行动态管理，当设计输入发生变化，特别是顾客要求发生变化时，应及时更改设计输入文件，且将更改后的设计输入文件传递到相关部门及相关设计人员。

15.5 工程设计控制

（1）设计控制要求

应对设计过程进行控制，控制内容包括质量、进度、费用、软件等，控制方式应包括设计评审、设计验证、设计确认（包括对工程项目使用的软件确认）等。 根据项目具体情况，设计评审、设计验证和设计确认可单独或以任意组合方式进行，以实现不同的控制目的。 应对设计评审、设计验证和设计确认发现的问题进行收集，统计分析和相互作用的评价，形成组织的知识。

（2）设计评审

应按设计策划的安排，在设计的适当阶段（一般在设计方案确定前，或设计方案初稿完成后）实施设计评审活动，以评价工程设计结果是否满足组织能力的要求。

（3）设计验证

应按策划的安排对设计输出结果进行验证，确保设计输出满足设计输入要求。

（4）设计确认

应按策划的安排对工程设计实施确认活动，确保项目规定的用途得到满足。

（5）设计质量控制

设计应遵循国家有关法律法规和强制性标准要求，并满足合同约定的技术性能、质量标准和工程的可施工性、可操作性及可维修性的要求等。

（6）设计进度控制

制定设计进度计划应充分考虑与采购、施工和试运行计划的衔接。 制定设计进度计划主要控制点并实施控制。 项目部应根据设计计划进行进度控制，检查设计计划的执行情况。 当设计进度计划拖延影响到合同规定或整体工程进度时，项目进度管理人员应及时报告项目经理，必要时报告项目发包人。 应系统地分析进度偏差，制定有效措施。

15.6 工程设计输出

（1）设计输出

设计输出包括设计图纸、计算书、说明书、各类设计表格等阶段性设计成果和最终设计成果。设计输出应满足设计输入要求，以保证能够实现工程设计的预期目的，为后续的采购、施工、生产、检验和服务过程提供必要的信息。

（2）设计输出的形式和深度要求

1）设计输出成果应符合行业通行要求，特殊形式的输出（如电子数据、BIM模型等）应与相关方沟通，确保输出的结果满足相关方的要求。

2）设计输出应满足规定的编制内容和深度要求，符合各类专项审查以及工程项目所在地的相关要求。当设计合同对设计文件编制深度另有要求时，应同时满足合同要求。

3）设计边界条件和选用的设计参数，必须在行业标准规范规定的范围内，对超出规定的某些尝试应进行严格的论证或评审，并经主管部门批准。

4）已按照策划的安排实施了设计评审、验证和确认，并满足预期的要求。

5）项目负责人应核验各专业设计、校核、审核、审定、会签等技术人员在相关设计文件上的签署，核验注册执业人员在设计文件上的签章，并对各专业设计文件验收签字。

6）应明确设计输出文件的批准要求等。

15.7 工程设计变更

（1）设计变更

工程总承包企业应对设计过程及后续施工安装期间所发生的更改进行适当的识别、评审和控制，以确保这些更改满足要求，不会产生不利影响。

（2）设计变更记录

设计变更应按设计变更程序进行，并应保留设计变更的记录：

1）变更的原因、依据、内容、时间等；

2）必要的评审、验证、确认记录；

3）批准设计变更的授权人；

4）为防止变更造成不利影响而采取措施的记录。

15.8　工程设计分包控制

（1）应识别外部供方提供的工程设计、过程或服务，并实施控制

主要包括：外部供方提供的工程设计（或其中的组成部分）、过程或服务；外部供方直接提供给顾客的工程设计、过程或服务。

（2）分包方的评价与选择

应用"基于风险的思维"对设计分包方的资质等级、综合能力、业绩等方面进行系统评价，并保存评价记录，建立合格分包方资源库。

（3）控制的类型和程度

由于分包项目的范围、内容、复杂程度以及性质的不同，对外部供方提供的设计成果、过程和服务的控制可能存在差异。在确定控制的类型和程度时，应考虑外部供方提供的设计成果、过程和服务对本企业稳定地满足顾客要求和适用法律法规能力的潜在影响，应确保外部供方提供的设计成果、过程和服务不会影响本企业稳定地向顾客提供合格的产品和服务。

（4）设计分包合同的签订

当发生设计分包时，工程总承包企业应与设计分包单位签订分包合同。分包合同内容应完整、准确、严密、合法。

15.9　设计与采购、施工和试运行的接口控制

（1）设计与采购接口控制

工程总承包项目的设计应将采购纳入设计程序，确保设计与采购之间的协调，保证物资采购质量和工程进度，控制工程投资。

（2）设计与施工接口控制

设计应具有可施工性，以确保工程质量和施工的顺利进行。

（3）设计与试运行接口控制

设计应考虑试运行阶段的要求，以确保试运行的顺利进行。

15.10 工程设计全过程管理的重点工作

（1）设计策划的重点工作

应对设计过程进行设计策划，编制设计计划，设计计划应经审批。设计应按设计计划实施；编制设计计划应能体现工程总承包项目的特点，考虑投标报价时的方案优化，设计阶段的深化设计，新材料、新设备、新工艺、新技术的应用，以及信息技术（包括 BIM 的应用等）、项目创优、施工图审核配合、设计与采购和施工接口关系、设计对试运行的指导作用等方面的要求，综合确定工程总承包项目设计的控制要求；设计计划应体现合同约定的有关技术性能、质量标准和要求、项目费用控制指标等；设计计划应明确设计与采购、施工和试运行的接口关系及要求；应任命设计经理，对各级设计人员的资格（包括人数）进行确认和批准。

（2）设计质量控制的重点工作

设计经理应组织采购、施工和试运行、顾客等项目相关人员参加设计评审并保存记录。

应组织对设计基础数据和资料等设计输入进行检查和验证，确保设计输入的充分、正确性；初步设计或基础工程设计文件应能满足编制施工招标文件、主要设备、材料订货和编制施工图设计的需要；施工图设计应能满足设备、材料采购，非标准设备制作和施工及试运行的需要；选用的设备、材料，应在设计文件中注明其规格、型号、性能、数量等技术指标，其质量要求应符合合同要求和现行标准规范的有关规定；应按策划的安排组织设计验证、设计会签、设计评审、设计确认、设计变更；对采用新材料、新设备、新工艺、新技术或特殊结构的项目，应评审新技术、新工艺的成熟性，新设备、新材料、特殊结构的可靠性，并提出保证工程质量和施工安全的措施及要求；应根据项目文件管理规定，收集、整理设计图纸、资料和有关记录，组织编制项目设计文件总目录并存档；应组织编制设计完工报告，将项目设计的经验与教训纳入本企业的知识库。

（3）设计进度控制的重点工作

项目部应依据设计进度计划进行进度控制，设计进度计划应充分考虑与采购、施工和试运行计划的主要控制点衔接；应跟踪设计进度计划，定期检查设计计划的执行情况，及时发现偏差，采取措施。

（4）设计与采购、施工和试运行接口控制的重点工作

1）设计与采购、施工和试运行应有效配合和协调，落实计划并配备资源是关键；

2）设计应将采购纳入设计程序，应负责请购文件的编制、报价技术评审和技术谈判、供货厂商图纸资料的审查和确认等工作；

3）设计应具有可施工性，以确保工程质量和施工的顺利进行；

4）设计应考虑应急条件要求，确保应急状态在设计中得到体现；

5）设计应考虑试运行阶段的要求，以确保试运行的顺利进行。 设计应依据合同约定，承担试运行阶段的技术支持和服务。 在试运行期间，设计对试运行进行指导和技术服务，并协助试运行经理解决试运行中发现的设计问题，评审其对试运行进度的影响。设计应接受试运行经理提出的试运行要求，参与试运行条件的确认、试运行方案的审查。设计提交试运行原则和要求。

（5）设计更变控制的重点工作

应评审设计变更对采购、施工的影响，对工程完工部分的影响，可能对费用、进度、合同履约的影响，对设计变更的技术可行性、安全性和适用性进行评估。

15.11 结语

工程设计是做好工程总承包项目的前提，从组织行为看工程总承包项目设计全过程管理，是一个从工程设计出发，并将质量、安全、费用、进度、职业健康、环境保护和风险管理贯穿于其中，使工程设计更好地指导采购、施工和试运行工作，为工程设计、采购、施工和试运行围绕工程总承包项目各个阶段的进度安排，合理的交叉和有效的衔接奠定基础提供保障的过程。

第16章

工程总承包采购全过程管理

16.1 引言

采购是工程总承包全过程管理中的重要环节，在把资源转化为产品的过程中，高质量和高效率采购起到关键性的作用。本章结合现行国家标准《质量管理体系 要求》GB/T 19001 和《建设项目工程总承包管理规范》GB/T 50358，从采购界定、实施采购、采购的控制以及采购管理关注的重点工作四个方面，对工程总承包采购全过程管理进行阐述。

16.2 采购界定

（1）采购

为完成项目而从执行组织外部获取设备、材料和服务的过程，包括采买、催交、检验和运输的过程。

通常说的广义采购，包括设备、材料的采购和设计、施工、劳务及租赁采购。本书介绍的采购是指设备、材料的采购，而把设计、施工、劳务及租赁采购称为项目分包。

（2）采购合同

项目承包人与供应商签订的供货合同。采购合同可称为采买订单。采购合同或采买订单要完整、准确、严密、合法，采买是从接受请购文件到签订采购合同（订单）的过程。

（3）采购工作内容

采购是 EPC 工程总承包全过程管理中的重要环节，是项目的利润核心，其工作主要内容包括：选择询价厂商、编制询价文件、获得报价书、评标、合同谈判、签订采购合同、催交与检验、运输与交付、仓储管理等。

16.3 实施采购

（1）实施采购要求

相关内容可参见 14.4 节第（2）、（3）条。

（2）供应商管理

1）供应商评价与选择

工程总承包企业应对供应商进行综合评价，建立合格供应商名录。 应根据合同要求和项目具体特点，通过招标、询比价和竞争性谈判等方式，经过项目级评价，并按照工程总承包企业规定的程序，在合格供应商名录中选择供应商。 对于重要的物资供应商的考察可采取对供应商进行体系审核、现场实地考察等形式确定。

2）供应商的后评价

工程总承包企业应建立供应商后评价制度，定期或在项目结束后对其进行后评价。

3）对供应商控制的类型和程度

工程总承包企业应确保外部供方提供的过程、产品和服务不会对本企业稳定地向顾客交付合格工程总承包产品和服务的能力产生不利影响。

4）采购合同管理

工程总承包企业应确保与供应商就产品或服务的相关要求进行充分沟通，并在招标文件、采购合同/协议中明确相关要求。 工程总承包企业应建立采购合同管理制度，明确采购合同管理的职责和职能部门。 应按制度的规定对项目的采购合同进行审批，经审批后合同方可实施。

（3）采购工作程序

工程总承包企业应建立采购管理制度，明确采购工作程序和控制要求；应建立工程总承包项目采购管理组织机构，明确各岗位职责、具体工作内容和要求。

（4）采购执行计划

项目部应依据项目合同、项目管理计划、项目实施计划、项目进度计划，以及企业有关采购管理程序、规定和要求，编制项目采购执行计划，并对采购过程进行管理和监控。

16.4 采购的控制

（1）采购控制要求

相关内容可参见 14.4 节第（3）条。

（2）采购的控制

1）采买

a. 采买工作应包括接收请购文件、确定采买方式、实施采买和签订采购合同或订单等内容。 采买工程师应按批准的请购文件及采购执行计划确定的采买方式实施采买。

b. 确定采买方式是指根据项目的性质和规模、工程总承包企业的相关采购制度，以及所采购设备或材料对项目的影响程度，包括质量和技术要求、供货周期、数量、价格以及市场供货环境等因素，来确定采用招标、询比价、竞争性谈判和单一来源采购等方式。

c. 工程总承包企业应依法与供方签订采购合同或者订单，采购合同或订单应完整、准确、严密、合法。依据总承包企业授权管理原则，按采购合同审批流程进行审批。

2）催交与检验

a. 项目部根据设备、材料的重要性划分催交与检验等级，确定催交与检验的方式和频度，制定催交与检验计划，明确检查内容和主要控制点，并组织实施。催交方式包括驻厂催交、办公室催交和会议催交等。

b. 检验方式可分为放弃检验（免检）、资料审阅、中间检验、车间检验、最终检验和项目现场检验。检验人员负责制定项目总体检验计划，确定检验方式以及出厂前检验或驻场监造的要求，应按规定编制驻厂监造检验报告或者出厂检验报告等。

3）运输与交付

a. 项目部应依据采购合同约定的交货条件制定设备、材料运输计划，并组织实施。对超限和有特殊要求的设备、危险品的运输，应制定专项运输方案，可委托专业的运输机构承担运输等。

b. 对于国际运输，应依据采购合同约定、国际公约和惯例进行，办理报关、商检及保险等手续。设备、材料运至指定地点后，接收人员应对照送货单进行清点，签收时应注明到货状态及其完整性，填写接收报告并归档等。

4）仓储管理

a. 项目部应制定物资出入库管理制度，设备、材料正式入库前，依据合同规定进行开箱检验，检验合格的设备、材料按规定办理出入库手续，建立物资动态明细台账等。

b. 所有物资应注明货位、档案编号和标识码等。仓库管理员要及时登账，定期核对，使账物相符。应建立和实施物资发放制度，依据批准的领料申请单发放设备、材料，办理物资出库交接手续等。

（3）采购与设计、施工和试运行的接口控制

1）在采购与设计的接口关系中，对采购接收设计提交的请购文件；采购接收设计提交的报价技术评价文件；采购向设计提交订货的设备、材料资料；采购接收设计对制造厂图纸的评阅意见；采购评估设计变更对采购进度的影响；如需要，采购邀请设计参加产品的中间检验、出厂检验和现场开箱检验等内容的接口实施重点控制。

2）在采购与施工的接口关系中，对所有设备、材料运抵现场；现场的开箱检验；施

工过程中发现与设备、材料质量有关问题的处理对施工进度的影响；采购变更对施工进度的影响等内容的接口进度实施重点控制。

3）在采购与试运行的接口关系中，对试运行所需材料及备件的确认；试运行过程中发现的与设备、材料质量有关问题的处理对试运行进度的影响等内容的接口进度实施重点控制。

16.5　采购管理关注的重点工作

（1）外部供方管理的重点

对外部供方的评价、绩效监视和再评价；对外部供方提供的产品、服务和过程的控制；与外部供方的沟通。

（2）采购管理过程的重点工作

1）采购执行计划

项目部应依据项目合同、项目管理计划、项目实施计划、项目进度计划，以及相关规定和要求，编制项目采购执行计划；采购执行计划应按规定审批后实施；采购执行计划内容应完整，对采购活动具有指导性；应对采购执行计划的实施进行管理和监控，当采购内容、采购进度，或采购要求发生变化时，应对采购执行计划进行调整。

2）供应商选择

应根据合同要求和项目具体特点，通过招标、询比价和竞争性谈判等方式，经过项目级评价，并按照工程总承包企业规定的程序选择供应商；应将新的供应商纳入本企业合格供应商名录；应依法与供应商签订采购合同或者订单。依据总承包企业授权管理原则，按采购合同审批流程进行审批；应根据设备、材料的重要性划分催交与检验等级，制定催交与检验计划（包括催交与检验方式和频度）。催交与检验计划应包括检验内容和催交控制点；催交人员应按规定编制催交状态报告，审查供应商的制造进度计划，并进行检查和控制，对催交过程中发现的偏差提出解决方案；应编制项目总体检验计划，检验计划应明确检验方式。对驻场监造的应编制驻场监造报告或出厂检验报告；应依据采购合同约定的交货条件制定设备、材料运输计划，对超限和有特殊要求的设备、危险品的运输，应制定专项运输方案；应制定物资出入库管理制度，采购物资入库前应有检验合格证明，出入库手续应齐全，设备、材料正式入库前，依据合同规定进行开箱检验，检验合格的设备、材料按规定办理出入库手续，建立物资动态明细台账。所有物资应注明货位、档案编号和标识码等。 仓库管理员要及时登账，定期核对，使账物相符。 物资台账应动态管理、账目清晰。

　　3）采购变更管理

　　项目部应明确采购变更管理的流程、职责和审批要求；应按规定对采购的变更实施控制。

16.6　结语

　　在工程总承包全过程管理中，采购是按项目的技术、质量、安全、进度和费用要求，获得所需的设备、材料及有关服务。 在工程总承包模式下，应把采购纳入工程设计管理程序中进行管控，工程设计才能更好地指导采购、施工和试运行，才能符合现行国家标准《质量管理体系　要求》GB/T 19001 和《建设项目工程总承包管理规范》GB/T 50358 要求，才能为工程总承包实施过程控制创造有利条件。

第17章
工程总承包施工全过程管理

17.1 引言

施工是工程总承包项目建设全过程中的重要阶段，是实现资源的优化配置和对各生产要素进行有效的计划、组织、指导和控制的重要过程。本章结合现行国家标准《质量管理体系　要求》GB/T 19001 和《建设项目工程总承包管理规范》GB/T 50358，从施工管理主要内容，施工执行计划，施工质量计划，施工安全、职业健康和环境保护计划，施工进度计划，施工准备工作，施工分包控制，施工分包合同管理，施工过程控制，施工与设计、采购和试运行的接口控制以及施工过程控制的重点工作 11 个方面，对工程总承包施工全过程管理进行阐述。

17.2 施工管理主要内容

施工是把设计文件转化成为项目产品的过程，包括建筑、安装、竣工试验等作业内容。工程总承包企业将施工工作分包，项目施工管理包括下列主要工作内容和要求：选择施工分包商；对施工分包商的施工方案进行审核；对施工过程的质量、安全、费用、进度、风险、职业健康和环境保护以及绿色建造等进行控制；协调施工与设计、采购、试运行之间的接口关系；当有多个施工分包商时，对施工分包商间的工作界面进行协调和控制。

17.3 施工执行计划

（1）施工执行计划编制原则

施工执行计划编制要满足对施工过程的指导和控制作用，在一定的资源条件下，实现工程项目的技术经济效益，并符合下列编制原则：根据实际情况审核施工方案和施工工艺；严格遵守国家规定和合同约定的工程竣工及交付使用期限；采用现代项目管理技术、流水施工方法和网络计划技术，组织有节奏、均衡和动态连续的施工；提高施工机械化、自动化程度，改善劳动条件，提高生产率；注意根据地区条件和材料、构件条件，通过技术经济比较，恰当地选择专项技术方案，提高施工作业的专业化程度；尽可能利用永久性设施和组装式施工设施，科学地规划施工总平面，减少施工临时设施建造量和用地；优化现场物资储存量，确定物资储存方式，尽量减少库存量和物资损耗；根据季节气候变化，科学安排施工，保证施工质量和进度的均衡性和连续性；优先考虑施工的安全、职业健康和环境保护要求。

（2）施工执行计划的编制依据

施工执行计划的编制依据：工程总承包合同文件及项目实施计划文件；工程施工图纸及其标准图集；工程地质勘察报告、地形图和工程测量控制网；气象、水文资料及地区人文状况调查资料；工程建设法律法规和有关规定；企业积累的项目施工经验资料；现行的相关国家标准、行业标准、地方标准和企业施工工艺标准；企业质量管理体系、职业健康安全管理体系和环境管理体系文件。

（3）施工执行计划的主要内容

施工执行计划应包括下列主要内容：工程概况，施工组织原则，施工质量计划，施工安全，职业健康和环境保护计划，施工进度计划，施工费用计划，施工技术管理计划。施工技术管理计划包括施工技术方案要求、资源供应计划和施工准备工作要求。

（4）施工执行计划的修改或调整

当出现下列情况之一时，要考虑对施工执行计划进行修改或调整：重大施工工程变更；重大施工条件变化；相关法规变化；项目发包人提出缩短工期或延长工期；项目发包人提出对质量及特征要求的变更；各种原因造成项目停工；项目发包人违约；发生不可抗力事件。

17.4　施工质量计划

施工质量计划应作为对外质量保证和对内质量控制的依据，体现施工过程的质量管理和控制要求，包括：编制依据；质量保证体系；质量目标；质量目标分解；质量控制点及检验级别的确定；质量保证的技术管理措施；施工过程监测、分析和改进；材料、设备检验制度；工程质量问题处理方法。

17.5　施工安全、职业健康和环境保护计划

施工安全、职业健康和环境保护计划是工程项目施工期间 HSE 控制的重要依据,主要包括:工程项目概况;HSE 环境分析(风险辨识与评价);HSE 的方针和目标指标;管理组织机构;职能分配、技术保证措施;与施工过程有关程序的实施;不合格及纠正预防措施;监测、分析、改进;文件、记录控制等。

17.6　施工进度计划

施工进度计划包括编制说明、施工总进度计划、单项工程进度计划和单位工程进度计划。施工总进度计划要报项目发包人确认。施工进度计划的编制要注意:一是施工进度计划的编制依据包括项目合同、施工执行计划、施工进度目标、设计文件、施工现场条件、供货进度计划、有关技术经济资料;二是编制施工进度计划要遵循下列程序——收集资料,确定进度控制目标,计算工程量,确定各单项、单位工程的施工工期和开、竣工日期,确定施工流程,编制施工进度计划;三是要编写施工进度计划说明书。

17.7　施工准备工作

技术准备包括编制专项施工方案、施工计划、试验工作计划和职工培训计划,向项目发包人索取已施工项目的验收证明文件等。生产准备包括现场道路、水、电、通信来源及其引入方案,机械设备的来源,各种临时设施的布置,劳动力的来源及有关证件的办理,选定施工分包商并签订施工分包合同等。

需要项目发包人完成的施工准备工作是指提供施工场地、水电供应、现场的坐标和高程等以及需要项目发包人办理的报批手续。

施工单位的准备工作是指技术准备工作、资源准备工作、施工现场准备工作和施工场外协调工作。

17.8　施工分包控制

工程总承包企业应对施工分包方的资质等级、综合能力、业绩等方面进行综合评价，建立合格承包商资源库。应根据合同要求和项目特点，依法通过招标、询比价和竞争性谈判等方式，并按规定的程序选择承包商。对承包商评价的内容应包括经营许可、资质、资格和业绩，信誉和财务状况，符合质量、职业健康安全、环境管理体系要求的情况，人员结构以及人员的执业资格和素质，机具与设施，专业技术和管理水平，协作、配合、服务与抗风险能力，质量、安全、环境事故情况。

工程总承包企业应建立施工分包商后评价制度，定期或在项目结束后对其进行后评价。评价内容应包括施工或服务的质量、进度。合同执行能力包括施工组织设计的先进合理性、施工管理水平，施工现场组织机构的建立及人员配置情况。现场配合情况包括沟通、协调、反馈等，售后服务的态度、及时性，解决问题或处理突发状况的能力，质量、职业健康安全、文明施工和环境保护管理的绩效等。

工程总承包企业应确保外部供方提供的过程、产品和服务不会对本企业稳定地向顾客交付合格工程总承包产品和服务的能力产生不利影响，明确规定对工程总承包项目外部供方提供的过程、产品和服务实施控制的要求；规定对外部供方及其输出结果的控制要求；监控由外部供方实施控制的有效性，并考虑外部供方提供的过程、产品和服务对本企业稳定地满足顾客要求和适用的法律法规要求能力的潜在影响；确定必要的验证或其他活动，包括评审/审查/批准、质量验评/验收/测试/检验/试验等，以确保外部供方提供的过程、产品和服务满足工程总承包项目及本企业的相关要求。

17.9　施工分包合同管理

工程总承包企业应建立施工分包合同管理制度，主要包括以下内容：明确分包合同的管理职责；分包招标的准备和实施；分包合同订立；对分包合同实施监控；分包合同变更处理；分包合同争议处理；分包合同索赔处理；分包合同文件管理；分包合同收尾。

工程总承包企业应确保与承包商就产品或服务的相关要求进行充分沟通，并在投标文件、采购合同/协议、施工合同/协议中明确相关要求。

施工分包合同管理应包括以下内容：项目部应明确合同管理的职责和责任人，应依据分包合同约定对合同履约情况进行跟踪和管理。合同管理人员应按完整、系统和方便查询的原则建立合同文件索引目录和合同台账；为防止偏离分包合同要求对合同偏差进行检查分析，对出现的问题或偏差采取措施；项目部合同管理人员对合同约定的要求进行检查和验证，当确认已完成缺陷修补并达标时，进行最终结算并关闭分包合同；项目部应按分包合同约定程序和要求进行分包合同收尾。

17.10   施工过程控制

项目部应对由分包方实施的过程进行监控和检查验收。

（1）依据分包合同，对分包方服务的条件进行验证、确认、审查或审批，包括项目管理机构、人员的数量和资格、入场前培训、施工机械/工器具/设备/设施、监视和测量资源、主要工程设备及材料等；在施工前，应组织设计交底和技术质量、安全交底或培训；对施工分包方入场人员的三级教育进行检查和确认；应按分包合同要求，确认、审查或审批分包方编制的施工或服务进度计划、施工组织设计、专项施工方案、质量管理计划、安全环境和试运行的管理计划等，并监督其实施；与施工分包方签订质量、职业健康安全、环境保护、文明施工、进度等目标责任书，并建立定期检查制度；应对施工过程的质量进行监督，按规定审查检验批、分项、分部（子分部）的报验和检验情况并进行跟踪检查，对特殊过程和关键工序的识别与质量控制进行监督，并应保存质量记录；应对施工分包单位采购的主要工程材料、构配件、设备进行验证和确认，必要时进行试验；应对所需的施工机械、装备、设施、工具和监视测量设备的配置以及使用状态进行有效性检查，必要时进行试验；应监督分包方内部按规定开展质量检查和验收工作，并按规定组织分包方参加工程质量验收，同时按分包合同约定，要求分包方提交质量记录和竣工文件并进行确认、审查或审批。

（2）对质量不合格品，应监督分包方进行处置，并验证其实施效果；应依据分包合同和安全生产管理协议等的约定，明确分包方的安全生产管理、文明施工、绿色施工、劳动防护，以及列支安全文明施工费、危大工程项目措施费等方面的职责和应采取的职业健康、安全、环保等方面的措施，并指定专职安全生产管理等人员进行管理与协调；应对分包方的履约情况进行评价，并保存记录，作为对分包方奖惩和改进分包管理的依据。

17.11　施工与设计、采购和试运行的接口控制

（1）施工与设计的接口控制

包括对设计的可施工性分析，接收设计交付的文件，图纸会审和设计交底，评估设计变更对施工进度的影响。

（2）施工与采购的接口控制

包括现场的开箱检验，施工接收所有设备、材料，评估施工过程中发现与设备、材料质量有关问题的处理对施工进度的影响，评估采购变更对施工进度的影响。

（3）施工与试运行的接口控制

包括评估施工执行计划与试运行执行计划不协调时对进度的影响，评估试运行过程中发现的施工问题的处理对进度的影响。

17.12　施工过程控制的重点工作

（1）施工分包方入场条件审核

应根据分包合同，对施工分包方项目管理机构、人员的数量和资格、入场前培训、施工机械、工器具、设备、设施、监视和测量资源配置、主要工程设备及材料等进行审查和确认；应对施工分包方入场人员的三级教育进行检查和确认。

（2）交底和培训

项目部应组织设计交底，交底提出的问题应得到澄清或处理并保留记录；施工单位应对施工作业人员进行作业前技术质量、安全交底或培训，交底内容应有针对性，内容明确。

（3）对施工分包方文件审查

应对施工分包方的施工组织设计，施工进度计划，专项施工方案，质量计划，职业健康、安全、环境管理计划和试运行的管理计划等进行审查；施工分包方编制的文件内容应符合项目施工管理要求。

（4）施工分包目标责任书及协议签订

应与施工分包方签订质量、职业健康、安全、环境保护、文明施工、进度等目标责任

书；应对目标责任书完成情况进行定期检查；应与施工分包方签订安全生产协议或安全生产合同。 在协议或合同中应明确规定安全生产管理、文明施工、绿色施工、劳动防护，以及列支安全文明施工费、危大工程项目措施费等方面的职责和应采取的措施，并指定专职安全生产管理人员进行管理与协调。

（5）施工过程控制

应对施工过程质量进行监督，按规定和计划的安排对检验批、分项、分部（子分部）的报验和检验情况进行跟踪检查，记录完整；应正确识别特殊过程或关键工序，对其质量控制情况进行控制，并保存质量记录；应对施工分包方采购的主要工程材料、构配件、设备进行验证和确认，必要时进行试验；应对施工机械、装备、设施、工具和监视测量设备的配置以及使用状态进行有效性检查，必要时进行试验，塔式起重机、脚手架、施工升降机等质量证明文件应符合要求；应监督施工质量不合格品的处置，并验证整改结果；施工单位应配置专职的安全生产管理等人员；应监督施工分包方内部按规定开展质量检查和验收工作，并按规定组织分包方参加工程质量验收，同时按分包合同约定，要求分包方提交质量记录和竣工文件，并进行确认、审查或审批。

（6）施工分包方履约能力评价

应对分包方的履约情况进行评价并保留记录；应对分包方企业安全事故情况进行评估，并保留记录，作为再次合作依据。

（7）施工与设计接口控制要点

应对设计的可施工性进行分析；应进行图纸会审和设计交底；评估设计变更对施工进度的影响。

（8）施工与采购接口控制要点

施工和采购共同进行现场开箱检验；施工接收所有设备、材料；评估采购物资质量问题或采购变更对施工进度的影响。

（9）施工与试运行接口控制要点

对施工执行计划与试运行执行计划进行协调；评估试运行发现的施工问题对进度的影响。

17.13 结语

工程总承包施工全过程管理，是以项目施工为管理对象，以取得最佳的经济效益和社会效益为目标，以施工管理为中心，以合同约定、项目管理计划和项目实施计划为依据，从质量、安全、职业健康和环境保护、进度、费用和风险管理等入手，贯穿于施工准备、施工问题研究、施工管理策划、施工阶段管理，直至项目竣工验收的所有管理活动，是对工程总承包项目施工全过程、全要素进行的管理和控制。

第**18**章
工程总承包试运行全过程管理

18.1　引言

　　试运行是项目实施目标的检验阶段，工作内容涉及诸多方面，责任和协调关系比较复杂，是产品实现的关键环节。本章结合现行国家标准《质量管理体系　要求》GB/T 19001 和《建设项目工程总承包管理规范》GB/T 50358，从试运行管理、试运行执行计划、试运行培训及考核计划、试运行方案、试运行及考核、试运行与设计采购施工的接口控制以及试运行管理过程的重点工作 7 个方面，对工程总承包试运行全过程管理进行阐述。

18.2　试运行管理

　　（1）试运行

　　依据合同约定，在工程完成竣工试验后，由项目发包人或项目承包人组织进行的包括合同目标考核验收在内的全部试验。试运行在不同的领域表述不同，例如试车、开车、调试、联动试车、整套（或整体）试运、联调联试、竣工试验和竣工后试验等。

　　（2）试运行工作指导原则

　　严格遵循试运行程序、循序渐进；保证试运行质量，达到合同和设计标准。

　　（3）试运行管理与服务

　　项目部应依据合同约定进行项目试运行管理和服务。项目试运行管理由试运行经理负责，并适时组建试运行组。试运行工作一般由项目发包人负责组织实施，项目部负责试运行技术指导服务。试运行的准备工作包括：人力、机具、物资、能源、组织系统、安全、职业健康和环境保护，以及文件资料的准备。试运行管理内容可包括试运行执行计划的编制、试运行准备、人员培训、试运行过程指导与服务等。

18.3　试运行执行计划

　　试运行执行计划应由试运行经理负责组织编制，项目经理批准、项目发包人确认后实施。试运行执行计划应依据合同约定和项目特点，安排试运行工作内容、程序和周期。

（1）试运行执行计划编制原则

1）在项目初始阶段，根据合同和项目计划，组织编制试运行执行计划；

2）试运行执行计划要与施工及辅助配套设施试运行相协调；

3）试运行执行计划是试运行工作的主要依据，是项目承包人对项目发包人进行技术指导的重要文件；

4）试运行执行计划编制的依据是项目计划和项目总进度计划；

5）项目承包人和项目发包人在试运行工作中的分工，要在试运行执行计划中明确规定。

（2）试运行执行计划应包括的主要内容

1）总体说明

总体说明包括项目概况、编制依据、原则、试运行的目标、进度和试运行步骤，对可能影响试运行执行计划的问题提出解决方案。

2）组织机构

组织机构包括提出参加试运行的相关单位，明确各单位的职责范围，提出试运行组织指挥系统，明确各岗位的职责和分工。

3）进度计划

试运行进度表。

4）资源计划

资源计划包括人员、机具、材料、能源配备及应急设施和装备等计划。

5）费用计划

费用计划包括试运行费用计划的编制和使用原则，按照计划中确定的试运行期限，试运行负荷，试运行产量，原材料、能源和人工消耗等计算试运行费用。

6）培训计划

培训计划（包括培训教材的编制计划和要求），包括培训范围、方式程序、时间和所需费用等。

7）考核计划

依据合同约定的时间对各项指标实施考核的方案。

8）质量、职业健康安全和环境保护要求

按照国家现行有关法律法规和标准规范对试运行的质量、安全、职业健康和环境保护进行要求。

9）试运行文件编制要求

包括试运行需要的原材料、公用工程的落实计划，试运行及生产中必需的技术规定、安全规程和岗位责任制等规章制度的编制计划。

10）试运行准备工作要求

试运行准备工作包括规章制度的编制、人力资源的准备、人员培训、技术准备、安全准备、物资准备、分析化验准备、维修准备、外部条件准备、资金准备和市场营销准备等。

11）项目发包人和相关方的责任分工

通常由项目发包人领导，组建统一指挥体系，明确各相关方的责任和义务。

（3）试运行执行计划实施要求

为确保试运行执行计划正常实施和目标任务的实现，项目部应明确试运行的输入要求（包括对施工安装是否达到竣工标准和要求进行评估，并认真检查实施绩效）和满足输出要求（为满足稳定生产或满足使用，提供合格的生产考核指标记录和现场证据），使试运行成为正式投入生产或投入使用的前提和基础。

18.4 试运行培训及考核计划

试运行培训计划应依据合同约定和项目特点编制，经项目发包人批准后实施。

试运行考核计划应依据合同约定的目标、考核内容和项目特点进行编制，考核计划应包括考核项目名称、考核指标、考核方式、手段及方法、考核时间、检测或测量、化验仪器设备及工具、考核结果评价及确认等主要内容。

18.5 试运行方案

试运行经理应依据合同约定，负责组织或协助项目发包人编制试运行方案。

（1）试运行方案的编制原则

1）编制试运行方案，包括生产主体、配套和辅助系统以及阶段性试运行安排；

2）按照实际情况进行综合协调，合理安排配套和辅助系统先行或同步投运，以保证主体试运行的连续性和稳定性；

3）按照实际情况统筹安排，为保证计划目标的实现，及时提出解决问题的措施和办法；

4）对采用第三方技术或邀请示范操作团队时，事先征求专利商或示范操作团队的意见并形成书面文件，指导试运行工作正常进展；

5）环境保护设施投运安排和安全及职业健康要求，都应包括对应急预案的要求。

（2）试运行方案应包括的主要内容

1）工程概况；

2）编制依据和原则；

3）试运行目标与采用的标准；

4）试运行应具备的条件；

5）组织指挥系统；

6）试运行进度安排；

7）试运行资源配置；

8）环境保护设施投运安排；

9）安全及职业健康要求；

10）试运行的技术难点和采取的对策措施等。

（3）试运行前的准备工作

项目部应配合项目发包人进行试运行前的准备工作，确保按设计文件及相关标准完成生产系统、配套系统和辅助系统的施工安装及调试工作。

1）试运行准备工作，包括项目部试运行服务的准备工作和项目发包人为实施试运行所做的准备工作；

2）项目部试运行服务的准备工作，包括提供设计文件、试运行执行计划、培训计划、操作手册和项目部试运行服务人员的动员等；

3）项目发包人试运行准备工作，包括编制规章制度、人力资源准备、人员培训、技术准备、安全准备、物资准备、维修准备、外部条件准备和资金准备等；

4）项目部为项目发包人试运行准备工作提供指导和服务，并协同项目发包人做好上述各项准备工作。

18.6　试运行及考核

项目部应配合发包人进行试运行准备工作，试运行经理应按试运行执行计划和试运行方案的要求落实相关的技术、人员和物资，组织检查影响实现考核目标的问题，并落实解决措施。

项目考核的时间和周期应依据合同约定，考核期内，全部保证值达标时，合同双方代表应分项或统一签署考核合格证书。

18.7　试运行与设计采购施工的接口控制

（1）试运行与设计的接口控制

在试运行与设计的接口关系中，对下列主要内容的接口实施重点控制：

1）试运行对设计提出的要求；

2）设计提交的试运行操作原则和要求；

3）设计对试运行的指导与服务，以及在试运行过程中发现有关设计问题的处理对试运行进度的影响。

（2）试运行与采购的接口控制

在试运行与采购的接口关系中，对下列主要内容的接口实施重点控制：

1）试运行所需材料及备件的确认；

2）试运行过程中发现的与设备、材料质量有关问题的处理对试运行进度的影响。

（3）试运行与施工的接口控制

在试运行与施工的接口关系中，对下列主要内容的接口实施重点控制：

1）施工执行计划与试运行执行计划不协调时对进度的影响；

2）试运行过程中发现的施工问题的处理对进度的影响。

18.8　试运行管理过程的重点工作

（1）试运行组织机构和人员

1）项目部应根据合同约定，适时组建项目试运行组；

2）应明确试运行组的职责和分工。

（2）试运行计划和方案

1）项目部应编制试运行执行计划；

2）试运行计划应经审批；

3）试运行计划应经发包人确认后实施；

4）试运行执行计划应依据合同约定和项目特点，安排试运行工作内容、程序和周期；

5）应按合同约定，组织或协助项目发包人编制试运行方案，且内容满足试运行工作要求。

（3）试运行准备

1）应按合同约定的培训需求编制试运行培训计划；

2）应按合同约定编制项目试运行考核计划，且内容满足要求；

3）项目部应配合发包人进行试运行准备工作并落实试运行所需的资源；

4）项目部应对试运行的准备工作进行检查，检查发现的问题应得到解决。

（4）试运行考核

1）考核结束且合格后，应签署考核合格证；

2）试运行发现的问题应进行分析与反馈。

18.9　结语

工程总承包试运行全过程管理，以项目试运行为管理对象，以产品实现为目标，以质量、安全、职业健康和环境保护、进度、费用和风险管理等为重点，贯穿于试运行全过程。 试运行执行计划是试运行工作的主要依据，是项目承包人对项目发包人进行技术指导的重要文件，为确保试运行执行计划正常实施和目标任务的实现，应明确试运行的输入要求和满足输出要求，使试运行成为正式投入生产或投入使用的前提和基础。

中华人民共和国国家标准

建设项目工程总承包管理规范

Code for management of engineering
procurement construction（EPC）projects

GB/T 50358—2017

主编部门：中华人民共和国住房和城乡建设部
批准部门：中华人民共和国住房和城乡建设部
施行日期：2018 年 1 月 1 日

中华人民共和国住房和城乡建设部
公　告

第 1535 号

住房城乡建设部关于发布国家标准
《建设项目工程总承包管理规范》的公告

现批准《建设项目工程总承包管理规范》为国家标准，编号为 GB/T 50358—2017，自 2018 年 1 月 1 日起实施。原国家标准《建设项目工程总承包管理规范》GB/T 50358—2005 同时废止。

本规范由我部标准定额研究所组织中国建筑工业出版社出版发行。

中华人民共和国住房和城乡建设部
2017 年 5 月 4 日

工程总承包管理必读

前　　言

　　根据住房和城乡建设部《关于印发〈2014年工程建设标准规范制订、修订计划〉的通知》（建标〔2013〕169号）的要求，规范编制组经广泛调查研究，认真总结实践经验，参考有关国际标准和国外先进标准，并在广泛征求意见的基础上，编制了本规范。

　　本规范的主要技术内容是：1. 总则；2. 术语；3. 工程总承包管理的组织；4. 项目策划；5. 项目设计管理；6. 项目采购管理；7. 项目施工管理；8. 项目试运行管理；9. 项目风险管理；10. 项目进度管理；11. 项目质量管理；12. 项目费用管理；13. 项目安全、职业健康与环境管理；14. 项目资源管理；15. 项目沟通与信息管理；16. 项目合同管理；17. 项目收尾。

　　本规范修订的主要技术内容是：1. 删除了原规范"工程总承包管理内容与程序"一章，其内容并入相关章节条文说明；2. 新增加了"项目风险管理"、"项目收尾"两章；3. 将原规范相关章节的变更管理统一归集到项目合同管理一章。

　　本规范由住房和城乡建设部负责管理，由中国勘察设计协会负责具体技术内容的解释。执行过程中如有意见或建议，请寄送中国勘察设计协会（地址：北京市朝阳区安立路60号润枫德尚A座13层，邮政编码：100101）。

　　本 规 范 主 编 单 位：中国勘察设计协会
　　本 规 范 参 编 单 位：中国寰球工程有限公司
　　　　　　　　　　　　　中国石化工程建设有限公司
　　　　　　　　　　　　　中冶京诚工程技术有限公司
　　　　　　　　　　　　　中国天辰工程有限公司
　　　　　　　　　　　　　中国石油天然气管道工程有限公司
　　　　　　　　　　　　　中国成达工程有限公司
　　　　　　　　　　　　　中国海诚工程科技股份有限公司
　　　　　　　　　　　　　中冶赛迪工程技术股份有限公司
　　　　　　　　　　　　　华北电力设计院工程有限公司
　　　　　　　　　　　　　天津大学
　　　　　　　　　　　　　同济大学
　　　　　　　　　　　　　中国联合工程公司
　　　　　　　　　　　　　中国恩菲工程技术有限公司
　　　　　　　　　　　　　中铁第四勘察设计院集团有限公司
　　　　　　　　　　　　　中国石油工程建设公司
　　　　　　　　　　　　　中国电子工程设计院

大地工程开发（集团）有限公司

中国建筑股份有限公司

北京城建集团有限责任公司

本规范主要起草人员：荣世立　李　森　张秀东　曹　钢　王春光　李超建
　　　　　　　　　　李　健　齐福海　马云杰　周可为　张　志　张水波
　　　　　　　　　　乐　云　闻振华　王国九　周全能　王　瑞　姜玉勤
　　　　　　　　　　刁心钦　李　君　孙复斌　陈勇华　李宝丹　戚晓曦

本规范主要审查人员：徐赤农　李智高　袁宗喜　夏　昊　王　琳　尤　完
　　　　　　　　　　贾宏俊　徐文刚　朱晓泉　张卫国　万网胜　沈怀国
　　　　　　　　　　康世卿

目　　次

Contents

工程总承包管理必读

1　总　　则

1.0.1　为提高建设项目工程总承包管理水平，促进建设项目工程总承包管理的规范化，推进建设项目工程总承包管理与国际接轨，制定本规范。

1.0.2　本规范适用于工程总承包企业和项目组织对建设项目的设计、采购、施工和试运行全过程的管理。

1.0.3　建设项目工程总承包管理除应符合本规范外，尚应符合国家现行有关标准的规定。

2 术 语

2.0.1 工程总承包 engineering procurement construction（EPC）contracting/design-build contracting

依据合同约定对建设项目的设计、采购、施工和试运行实行全过程或若干阶段的承包。

2.0.2 项目部 project management team

在工程总承包企业法定代表人授权和支持下，为实现项目目标，由项目经理组建并领导的项目管理组织。

2.0.3 项目管理 project management

在项目实施过程中对项目的各方面进行策划、组织、监测和控制，并把项目管理知识、技能、工具和技术应用于项目活动中，以达到项目目标的全部活动。

2.0.4 项目管理体系 project management system

为实现项目目标，保证项目管理质量而建立的，由项目管理各要素组成的有机整体。通常包括组织机构、职责、资源、过程、程序和方法。项目管理体系应形成文件。

2.0.5 项目启动 project initiating

正式批准一个项目成立并委托实施的活动。由工程总承包企业在合同条件下任命项目经理、组建项目部。

2.0.6 项目管理计划 project management plan

项目管理计划是一个全面集成、综合协调项目各方面的影响和要求的整体计划，是指导整个项目实施和管理的依据。

2.0.7 项目实施计划 project execution plan

依据合同和经批准的项目管理计划进行编制并用于对项目实施进行管理和控制的文件。

2.0.8 赢得值 earned value

已完工作的预算费用（budgeted cost for work performed），用以度量项目进展完成状态的尺度。赢得值具有反映进度和费用的双重特性。

2.0.9 项目实施 project executing

执行项目计划的过程。项目预算的绝大部分将在执行本过程中消耗，并逐渐形成项目产品。

2.0.10 项目控制 project control

通过定期测量和监控项目进展情况，确定实际值与计划基准值的偏差，并采取适当的纠正措施，确保项目目标的实现。

2.0.11 项目收尾 project close-out

项目被正式接收并达到有序的结束。项目收尾包括合同收尾和项目管理收尾。

2.0.12 设计 engineering

将项目发包人要求转化为项目产品描述的过程。即按合同要求编制建设项目设计文件的过程。

2.0.13 采购 procurement

为完成项目而从执行组织外部获取设备、材料和服务的过程。包括采买、催交、检验和运输的过程。

2.0.14 施工 construction

把设计文件转化为项目产品的过程，包括建筑、安装、竣工试验等作业。

2.0.15 试运行 commissioning

依据合同约定，在工程完成竣工试验后，由项目发包人或项目承包人组织进行的包括合同目标考核验收在内的全部试验。

2.0.16 项目范围管理 project scope management

对合同中约定的项目工作范围进行的定义、计划、控制和变更等活动。

2.0.17 项目进度控制 project schedule control

根据进度计划，对进度及其偏差进行测量、分析和预测，必要时采取纠正措施或进行进度计划变更的管理。

2.0.18 项目费用管理 project cost management

保证项目在批准的预算内完成所需的过程。它主要涉及资源计划、费用估算、费用预算和费用控制等。

2.0.19 项目费用控制 project cost control

以费用预算计划为基准，对费用及其偏差进行测量、分析和预测，必要时采取纠正措施或进行费用预算（基准）计划变更管理。

2.0.20 项目质量计划 project quality plan

依据合同约定的质量标准，提出如何满足这些标准，并由谁及何时应使用哪些程序和相关资源。

2.0.21 项目质量控制 project quality control

为使项目的产品质量符合要求，在项目的实施过程中，对项目质量的实际情况进行监督，判断其是否符合相关的质量标准，并分析产生质量问题的原因，从而制定出相应的措施，确保项目质量持续改进。

2.0.22 项目人力资源管理 project human resource management

通过组织策划、人员获得、团队开发等过程，使参加项目的人员能够被最有效地使用。

2.0.23 项目信息管理 project information management

对项目信息的收集、整理、分析、处理、存储、传递与使用等活动。

2.0.24　项目风险　project risk

由于项目所处的环境和条件的不确定性以及受项目干系人主观上不能准确预见或控制等因素的影响，使项目的最终结果与项目干系人的期望产生偏离，并给项目干系人带来损失的可能性。

2.0.25　项目风险管理　project risk management

对项目风险进行识别、分析、应对和监控的过程。包括把正面事件的影响概率扩展到最大，把负面事件的影响概率减少到最小。

2.0.26　项目安全管理　project safety management

对项目实施全过程的安全因素进行管理。包括制定安全方针和目标，对项目实施过程中与人、物和环境安全有关的因素进行策划和控制。

2.0.27　项目职业健康管理　project occupational health management

对项目实施全过程的职业健康因素进行管理。包括制定职业健康方针和目标，对项目的职业健康进行策划和控制。

2.0.28　项目环境管理　project environmental management

在项目实施过程中，对可能造成环境影响的因素进行分析、预测和评价，提出预防或减轻不良环境影响的对策和措施，并进行跟踪和监测。

2.0.29　工程总承包合同　EPC contract

项目承包人与项目发包人签订的对建设项目的设计、采购、施工和试运行实行全过程或若干阶段承包的合同。

2.0.30　采购合同　procurement contract

项目承包人与供应商签订的供货合同。采购合同可称为采买订单。

2.0.31　分包合同　subcontract

项目承包人与项目分包人签订的合同。

2.0.32　缺陷责任期　defects notification period

从合同约定的交工日期算起，项目发包人有权通知项目承包人修复工程存在缺陷的期限。

2.0.33　保修期　maintenance period

项目承包人依据合同约定，对产品因质量问题而出现的故障提供免费维修及保养的时间段。

3 工程总承包管理的组织

3.1 一般规定

3.1.1 工程总承包企业应建立与工程总承包项目相适应的项目管理组织，并行使项目管理职能，实行项目经理负责制。

3.1.2 工程总承包企业宜采用项目管理目标责任书的形式，并明确项目目标和项目经理的职责、权限和利益。

3.1.3 项目经理应根据工程总承包企业法定代表人授权的范围、时间和项目管理目标责任书中规定的内容，对工程总承包项目，自项目启动至项目收尾，实行全过程管理。

3.1.4 工程总承包企业承担建设项目工程总承包，宜采用矩阵式管理。项目部应由项目经理领导，并接受工程总承包企业职能部门指导、监督、检查和考核。

3.1.5 项目部在项目收尾完成后应由工程总承包企业批准解散。

3.2 任命项目经理和组建项目部

3.2.1 工程总承包企业应在工程总承包合同生效后，任命项目经理，并由工程总承包企业法定代表人签发书面授权委托书。

3.2.2 项目部的设立应包括下列主要内容：

    1 根据工程总承包企业管理规定，结合项目特点，确定组织形式，组建项目部，确定项目部的职能；

    2 根据工程总承包合同和企业有关管理规定，确定项目部的管理范围和任务；

    3 确定项目部的组成人员、职责和权限；

    4 工程总承包企业与项目经理签订项目管理目标责任书。

3.2.3 项目部的人员配置和管理规定应满足工程总承包项目管理的需要。

3.3 项目部职能

3.3.1 项目部应具有工程总承包项目组织实施和控制职能。

3.3.2 项目部应对项目质量、安全、费用、进度、职业健康和环境保护目标负责。

3.3.3 项目部应具有内外部沟通协调管理职能。

3.4 项目部岗位设置及管理

3.4.1 根据工程总承包合同范围和工程总承包企业的有关管理规定，项目部可在项目经理以下设置控制经理、设计经理、采购经理、施工经理、试运行经理、财务经理、质量经理、安全经理、商务经理、行政经理等职能经理和进度控制工程师、质量工程师、安全工程师、合同管理工程师、费用估算师、费用控制工程师、材料控制工程师、信息管理工程师和文件管理控制工程师等管理岗位。根据项目具体情况，相关岗位可进行调整。

3.4.2 项目部应明确所设置岗位职责。

3.5 项目经理能力要求

3.5.1 工程总承包企业应明确项目经理的能力要求，确认项目经理任职资格，并进行管理。

3.5.2 工程总承包项目经理应具备下列条件：

   1 取得工程建设类注册执业资格或高级专业技术职称；

   2 具备决策、组织、领导和沟通能力，能正确处理和协调与项目发包人、项目相关方之间及企业内部各专业、各部门之间的关系；

   3 具有工程总承包项目管理及相关的经济、法律法规和标准化知识；

   4 具有类似项目的管理经验；

   5 具有良好的信誉。

3.6 项目经理的职责和权限

3.6.1 项目经理应履行下列职责：

   1 执行工程总承包企业的管理制度，维护企业的合法权益；

   2 代表企业组织实施工程总承包项目管理，对实现合同约定的项目目标负责；

   3 完成项目管理目标责任书规定的任务；

   4 在授权范围内负责与项目干系人的协调，解决项目实施中出现的问题；

   5 对项目实施全过程进行策划、组织、协调和控制；

   6 负责组织项目的管理收尾和合同收尾工作。

3.6.2 项目经理应具有下列权限：

   1 经授权组建项目部，提出项目部的组织机构，选用项目部成员，确定岗位人员职责；

   2 在授权范围内，行使相应的管理权，履行相应的职责；

   3 在合同范围内，按规定程序使用工程总承包企业的相关资源；

4 批准发布项目管理程序；

5 协调和处理与项目有关的内外部事项。

3.6.3 项目管理目标责任书宜包括下列主要内容：

1 规定项目质量、安全、费用、进度、职业健康和环境保护目标等；

2 明确项目经理的责任、权限和利益；

3 明确项目所需资源及工程总承包企业为项目提供的资源条件；

4 项目管理目标评价的原则、内容和方法；

5 工程总承包企业对项目部人员进行奖惩的依据、标准和规定；

6 项目经理解职和项目部解散的条件及方式；

7 在工程总承包企业制度规定以外的、由企业法定代表人向项目经理委托的事项。

4 项目策划

4.1 一般规定

4.1.1 项目部应在项目初始阶段开展项目策划工作，并编制项目管理计划和项目实施计划。

4.1.2 项目策划应结合项目特点，根据合同和工程总承包企业管理的要求，明确项目目标和工作范围，分析项目风险以及采取的应对措施，确定项目各项管理原则、措施和进程。

4.1.3 项目策划的范围宜涵盖项目活动的全过程所涉及的全要素。

4.1.4 根据项目的规模和特点，可将项目管理计划和项目实施计划合并编制为项目计划。

4.2 策划内容

4.2.1 项目策划应满足合同要求。同时应符合工程所在地对社会环境、依托条件、项目干系人需求以及项目对技术、质量、安全、费用、进度、职业健康、环境保护、相关政策和法律法规等方面的要求。

4.2.2 项目策划应包括下列主要内容：

    1 明确项目策划原则；

    2 明确项目技术、质量、安全、费用、进度、职业健康和环境保护等目标，并制定相关管理程序；

    3 确定项目的管理模式、组织机构和职责分工；

    4 制定资源配置计划；

    5 制定项目协调程序；

    6 制定风险管理计划；

    7 制定分包计划。

4.3 项目管理计划

4.3.1 项目管理计划应由项目经理组织编制，并由工程总承包企业相关负责人审批。

4.3.2 项目管理计划编制的主要依据应包括下列主要内容：

    1 项目合同；

2 项目发包人和其他项目干系人的要求；

3 项目情况和实施条件；

4 项目发包人提供的信息和资料；

5 相关市场信息；

6 工程总承包企业管理层的总体要求。

4.3.3 项目管理计划应包括下列主要内容：

1 项目概况；

2 项目范围；

3 项目管理目标；

4 项目实施条件分析；

5 项目的管理模式、组织机构和职责分工；

6 项目实施的基本原则；

7 项目协调程序；

8 项目的资源配置计划；

9 项目风险分析与对策；

10 合同管理。

4.4 项目实施计划

4.4.1 项目实施计划应由项目经理组织编制，并经项目发包人认可。

4.4.2 项目实施计划的编制依据应包括下列主要内容：

1 批准后的项目管理计划；

2 项目管理目标责任书；

3 项目的基础资料。

4.4.3 项目实施计划应包括下列主要内容：

1 概述；

2 总体实施方案；

3 项目实施要点；

4 项目初步进度计划等。

4.4.4 项目实施计划的管理应符合下列规定：

1 项目实施计划应由项目经理签署，并经项目发包人认可；

2 项目发包人对项目实施计划提出异议时，经协商后可由项目经理主持修改；

3 项目部应对项目实施计划的执行情况进行动态监控；

4 项目结束后，项目部应对项目实施计划的编制和执行进行分析和评价，并把相关活动结果的证据整理归档。

5　项目设计管理

5.1　一　般　规　定

5.1.1　工程总承包项目的设计应由具备相应设计资质和能力的企业承担。

5.1.2　设计应满足合同约定的技术性能、质量标准和工程的可施工性、可操作性及可维修性的要求。

5.1.3　设计管理应由设计经理负责，并适时组建项目设计组。在项目实施过程中，设计经理应接受项目经理和工程总承包企业设计管理部门的管理。

5.1.4　工程总承包项目应将采购纳入设计程序。设计组应负责请购文件的编制、报价技术评审和技术谈判、供应商图纸资料的审查和确认等工作。

5.2　设计执行计划

5.2.1　设计执行计划应由设计经理或项目经理负责组织编制，经工程总承包企业有关职能部门评审后，由项目经理批准实施。

5.2.2　设计执行计划编制的依据应包括下列主要内容：

　　1　合同文件；

　　2　本项目的有关批准文件；

　　3　项目计划；

　　4　项目的具体特性；

　　5　国家或行业的有关规定和要求；

　　6　工程总承包企业管理体系的有关要求。

5.2.3　设计执行计划宜包括下列主要内容：

　　1　设计依据；

　　2　设计范围；

　　3　设计的原则和要求；

　　4　组织机构及职责分工；

　　5　适用的标准规范清单；

　　6　质量保证程序和要求；

　　7　进度计划和主要控制点；

　　8　技术经济要求；

　　9　安全、职业健康和环境保护要求；

10 与采购、施工和试运行的接口关系及要求。

5.2.4 设计执行计划应满足合同约定的质量目标和要求，同时应符合工程总承包企业的质量管理体系要求。

5.2.5 设计执行计划应明确项目费用控制指标、设计人工时指标，并宜建立项目设计执行效果测量基准。

5.2.6 设计进度计划应符合项目总进度计划的要求，满足设计工作的内部逻辑关系及资源分配、外部约束等条件，与工程勘察、采购、施工和试运行的进度协调一致。

5.3 设 计 实 施

5.3.1 设计组应执行已批准的设计执行计划，满足计划控制目标的要求。

5.3.2 设计经理应组织对设计基础数据和资料进行检查和验证。

5.3.3 设计组应按项目协调程序，对设计进行协调管理，并按工程总承包企业有关专业条件管理规定，协调和控制各专业之间的接口关系。

5.3.4 设计组应按项目设计评审程序和计划进行设计评审，并保存评审活动结果的证据。

5.3.5 设计组应按设计执行计划与采购和施工等进行有序的衔接并处理好接口关系。

5.3.6 初步设计文件应满足主要设备、材料订货和编制施工图设计文件的需要；施工图设计文件应满足设备、材料采购，非标准设备制作和施工以及试运行的需要。

5.3.7 设计选用的设备、材料，应在设计文件中注明其规格、型号、性能、数量等技术指标，其质量要求应符合合同要求和国家现行相关标准的有关规定。

5.3.8 在施工前，项目部应组织设计交底或培训。

5.3.9 设计组应依据合同约定，承担施工和试运行阶段的技术支持和服务。

5.4 设 计 控 制

5.4.1 设计经理应组织检查设计执行计划的执行情况，分析进度偏差，制定有效措施。设计进度的控制点应包括下列主要内容：

    1 设计各专业间的条件关系及其进度；

    2 初步设计完成和提交时间；

    3 关键设备和材料请购文件的提交时间；

    4 设计组收到设备、材料供应商最终技术资料的时间；

    5 进度关键线路上的设计文件提交时间；

    6 施工图设计完成和提交时间；

    7 设计工作结束时间。

5.4.2 设计质量应按项目质量管理体系要求进行控制，制定控制措施。设计经理及各专业负责人应填写规定的质量记录，并向工程总承包企业职能部门反馈项目设计质量信息。设计质量控制点应包括下列主要内容：

    1 设计人员资格的管理；

    2 设计输入的控制；

    3 设计策划的控制；

    4 设计技术方案的评审；

    5 设计文件的校审与会签；

    6 设计输出的控制；

    7 设计确认的控制；

    8 设计变更的控制；

    9 设计技术支持和服务的控制。

5.4.3 设计组应按合同变更程序进行设计变更管理。

5.4.4 设计变更应对技术、质量、安全和材料数量等提出要求。

5.4.5 设计组应按设备、材料控制程序，统计设备、材料数量，并提出请购文件。请购文件应包括下列主要内容：

    1 请购单；

    2 设备材料规格书和数据表；

    3 设计图纸；

    4 适用的标准规范；

    5 其他有关的资料和文件。

5.4.6 设计经理及各专业负责人应配合控制人员进行设计费用进度综合检测和趋势预测，分析偏差原因，提出纠正措施。

5.5 设 计 收 尾

5.5.1 设计经理及各专业负责人应根据设计执行计划的要求，除应按合同要求提交设计文件外，尚应完成为关闭合同所需要的相关文件。

5.5.2 设计经理及各专业负责人应根据项目文件管理规定，收集、整理设计图纸、资料和有关记录，组织编制项目设计文件总目录并存档。

5.5.3 设计经理应组织编制设计完工报告，并参与项目完工报告的编制工作，将项目设计的经验与教训反馈给工程总承包企业有关职能部门。

6 项目采购管理

6.1 一般规定

6.1.1 项目采购管理应由采购经理负责，并适时组建项目采购组。在项目实施过程中，采购经理应接受项目经理和工程总承包企业采购管理部门的管理。

6.1.2 采购工作应按项目的技术、质量、安全、进度和费用要求，获得所需的设备、材料及有关服务。

6.1.3 工程总承包企业宜对供应商进行资格预审。

6.2 采购工作程序

6.2.1 采购工作应按下列程序实施：

    1 根据项目采购策划，编制项目采购执行计划；

    2 采买；

    3 对所订购的设备、材料及其图纸、资料进行催交；

    4 依据合同约定进行检验；

    5 运输与交付；

    6 仓储管理；

    7 现场服务管理；

    8 采购收尾。

6.2.2 采购组可根据采购工作的需要对采购工作程序及其内容进行调整，并应符合项目合同要求。

6.3 采购执行计划

6.3.1 采购执行计划应由采购经理负责组织编制，并经项目经理批准后实施。

6.3.2 采购执行计划编制的依据应包括下列主要内容：

    1 项目合同；

    2 项目管理计划和项目实施计划；

    3 项目进度计划；

    4 工程总承包企业有关采购管理程序和规定。

6.3.3 采购执行计划应包括下列主要内容：

1　编制依据；

2　项目概况；

3　采购原则包括标包划分策略及管理原则，技术、质量、安全、费用和进度控制原则，设备、材料分交原则等；

4　采购工作范围和内容；

5　采购岗位设置及其主要职责；

6　采购进度的主要控制目标和要求，长周期设备和特殊材料专项采购执行计划；

7　催交、检验、运输和材料控制计划；

8　采购费用控制的主要目标、要求和措施；

9　采购质量控制的主要目标、要求和措施；

10　采购协调程序；

11　特殊采购事项的处理原则；

12　现场采购管理要求。

6.3.4　采购组应按采购执行计划开展工作。采购经理应对采购执行计划的实施进行管理和监控。

6.4　采　买

6.4.1　采买工作应包括接收请购文件、确定采买方式、实施采买和签订采购合同或订单等内容。

6.4.2　采购组应按批准的请购文件组织采买。

6.4.3　项目合格供应商应同时符合下列基本条件：

1　满足相应的资质要求；

2　有能力满足产品设计技术要求；

3　有能力满足产品质量要求；

4　符合质量、职业健康安全和环境管理体系要求；

5　有良好的信誉和财务状况；

6　有能力保证按合同要求准时交货；

7　有良好的售后服务体系。

6.4.4　采买工程师应根据采购执行计划确定的采买方式实施采买。

6.4.5　根据工程总承包企业授权，可由项目经理或采购经理按规定与供应商签订采购合同或订单。采购合同或订单应完整、准确、严密、合法，宜包括下列主要内容：

1　采购合同或订单正文及其附件；

2　技术要求及其补充文件；

3　报价文件；

4　会议纪要；

5　涉及商务和技术内容变更所形成的书面文件。

6.5 催交与检验

6.5.1 采购经理应组织相关人员，根据设备、材料的重要性划分催交与检验等级，确定催交与检验方式和频度，制定催交与检验计划并组织实施。

6.5.2 催交方式应包括驻厂催交、办公室催交和会议催交等。

6.5.3 催交工作宜包括下列主要内容：

    1 熟悉采购合同及附件；

    2 根据设备、材料的催交等级，制定催交计划，明确主要检查内容和控制点；

    3 要求供应商按时提供制造进度计划，并定期提供进度报告；

    4 检查设备和材料制造、供应商提交图纸和资料的进度符合采购合同要求；

    5 督促供应商按计划提交有效的图纸和资料供设计审查和确认，并确保经确认的图纸、资料按时返回供应商；

    6 检查运输计划和货运文件的准备情况，催交合同约定的最终资料；

    7 按规定编制催交状态报告。

6.5.4 依据采购合同约定，采购组应按检验计划，组织具备相应资格的检验人员，根据设计文件和标准规范的要求确定其检验方式，并进行设备、材料制造过程中以及出厂前的检验。重要、关键设备应驻厂监造。

6.5.5 对于有特殊要求的设备、材料，可与有相应资格和能力的第三方检验单位签订检验合同，委托其进行检验。采购组检验人员应依据合同约定对第三方的检验工作实施监督和控制。合同有约定时，应安排项目发包人参加相关的检验。

6.5.6 检验人员应按规定编制驻厂监造及出厂检验报告。检验报告宜包括下列主要内容：

    1 合同号、受检设备、材料的名称、规格和数量；

    2 供应商的名称、检验场所和起止时间；

    3 各方参加人员；

    4 供应商使用的检验、测量和试验设备的控制状态并应附有关记录；

    5 检验记录；

    6 供应商出具的质量检验报告；

    7 检验结论。

6.6 运输与交付

6.6.1 采购组应依据采购合同约定的交货条件制定设备、材料运输计划并实施。计划内容宜包括运输前的准备工作、运输时间、运输方式、运输路线、人员安排和费用计划等。

6.6.2 采购组应依据采购合同约定，对包装和运输过程进行监督管理。

6.6.3 对超限和有特殊要求设备的运输，采购组应制定专项运输方案，可委托专门运输机构承担。

6.6.4 对国际运输，应依据采购合同约定、国际公约和惯例进行，做好办理报关、商检及保险等手续。

6.6.5 采购组应落实接货条件，编制卸货方案，做好现场接货工作。

6.6.6 设备、材料运至指定地点后，接收人员应对照送货单清点、签收、注明设备和材料到货状态及其完整性，并填写接收报告并归档。

6.7 采购变更管理

6.7.1 项目部应按合同变更程序进行采购变更管理。

6.7.2 根据合同变更的内容和对采购的要求，采购组应预测相关费用和进度，并应配合项目部实施和控制。

6.8 仓 储 管 理

6.8.1 项目部应在施工现场设置仓储管理人员，负责仓储管理工作。

6.8.2 设备、材料正式入库前，依据合同约定应组织开箱检验。

6.8.3 开箱检验合格的设备、材料，具备规定的入库条件，应提出入库申请，办理入库手续。

6.8.4 仓储管理工作应包括物资接收、保管、盘库和发放，以及技术档案、单据、账目和仓储安全管理等。仓储管理应建立物资动态明细台账，所有物资应注明货位、档案编号和标识码等。仓储管理员应登账并定期核对，使账物相符。

6.8.5 采购组应制定并执行物资发放制度，根据批准的领料申请单发放设备、材料，办理物资出库交接手续。

7 项目施工管理

7.1 一般规定

7.1.1 工程总承包项目的施工应由具备相应施工资质和能力的企业承担。

7.1.2 施工管理应由施工经理负责，并适时组建施工组。在项目实施过程中，施工经理应接受项目经理和工程总承包企业施工管理部门的管理。

7.2 施工执行计划

7.2.1 施工执行计划应由施工经理负责组织编制，经项目经理批准后组织实施，并报项目发包人确认。

7.2.2 施工执行计划宜包括下列主要内容：

    1 工程概况；

    2 施工组织原则；

    3 施工质量计划；

    4 施工安全、职业健康和环境保护计划；

    5 施工进度计划；

    6 施工费用计划；

    7 施工技术管理计划，包括施工技术方案要求；

    8 资源供应计划；

    9 施工准备工作要求。

7.2.3 施工采用分包时，项目发包人应在施工执行计划中明确分包范围、项目分包人的责任和义务。

7.2.4 施工组应对施工执行计划实行目标跟踪和监督管理，对施工过程中发生的工程设计和施工方案重大变更，应履行审批程序。

7.3 施工进度控制

7.3.1 施工组应根据施工执行计划组织编制施工进度计划，并组织实施和控制。

7.3.2 施工进度计划应包括施工总进度计划、单项工程进度计划和单位工程进度计划。施工总进度计划应报项目发包人确认。

7.3.3 编制施工进度计划的依据宜包括下列主要内容：

    1 项目合同;

    2 施工执行计划;

    3 施工进度目标;

    4 设计文件;

    5 施工现场条件;

    6 供货计划;

    7 有关技术经济资料。

7.3.4 施工进度计划宜按下列程序编制:

    1 收集编制依据资料;

    2 确定进度控制目标;

    3 计算工程量;

    4 确定分部、分项、单位工程的施工期限;

    5 确定施工流程;

    6 形成施工进度计划;

    7 编写施工进度计划说明书。

7.3.5 施工组应对施工进度建立跟踪、监督、检查和报告的管理机制。

7.3.6 施工组应检查施工进度计划中的关键路线、资源配置的执行情况,并提出施工进展报告。施工组宜采用赢得值等技术,测量施工进度,分析进度偏差,预测进度趋势,采取纠正措施。

7.3.7 施工进度计划调整时,项目部按规定程序应进行协调和确认,并保存相关记录。

7.4　施工费用控制

7.4.1 施工组应根据项目施工执行计划,估算施工费用,确定施工费用控制基准。施工费用控制基准调整时,应按规定程序审批。

7.4.2 施工组宜采用赢得值等技术,测量施工费用,分析费用偏差,预测费用趋势,采取纠正措施。

7.4.3 施工组应依据施工分包合同、安全生产管理协议和施工进度计划制定施工分包费用支付计划和管理规定。

7.5　施工质量控制

7.5.1 施工组应监督施工过程的质量,并对特殊过程和关键工序进行识别与质量控制,并应保存质量记录。

7.5.2 施工组应对供货质量按规定进行复验并保存活动结果的证据。

7.5.3 施工组应监督施工质量不合格品的处置,并验证其实施效果。

7.5.4 施工组应对所需的施工机械、装备、设施、工具和器具的配置以及使用状态进行有效性和安全性检查，必要时进行试验。操作人员应持证上岗，按操作规程作业，并在使用中做好维护和保养。

7.5.5 施工组应对施工过程的质量控制绩效进行分析和评价，明确改进目标，制定纠正措施，进行持续改进。

7.5.6 施工组应根据施工质量计划，明确施工质量标准和控制目标。

7.5.7 施工组应组织对项目分包人的施工组织设计和专项施工方案进行审查。

7.5.8 施工组应按规定组织或参加工程质量验收。

7.5.9 当实行施工分包时，项目部应依据施工分包合同约定，组织项目分包人完成并提交质量记录和竣工文件，并进行评审。

7.5.10 当施工过程中发生质量事故时，应按国家现行有关规定处理。

7.6 施工安全管理

7.6.1 项目部应建立项目安全生产责任制，明确各岗位人员的责任、责任范围和考核标准等。

7.6.2 施工组应根据项目安全管理实施计划进行施工阶段安全策划，编制施工安全计划，建立施工安全管理制度，明确安全职责，落实施工安全管理目标。

7.6.3 施工组应按安全检查制度组织现场安全检查，掌握安全信息，召开安全例会，发现和消除隐患。

7.6.4 施工组应对施工安全管理工作负责，并实行统一的协调、监督和控制。

7.6.5 施工组应对施工各阶段、部位和场所的危险源进行识别和风险分析，制定应对措施，并对其实施管理和控制。

7.6.6 依据合同约定，工程总承包企业或分包商必须依法参加工伤保险，为从业人员缴纳保险费，鼓励投保安全生产责任保险。

7.6.7 施工组应建立并保存完整的施工记录。

7.6.8 项目部应依据分包合同和安全生产管理协议的约定，明确各自的安全生产管理职责和应采取的安全措施，并指定专职安全生产管理人员进行安全生产管理与协调。

7.6.9 工程总承包企业应建立监督管理机制。监督考核项目部安全生产责任制落实情况。

7.7 施工现场管理

7.7.1 施工组应根据施工执行计划的要求，进行施工开工前的各项准备工作，并在施工过程中协调管理。

7.7.2 项目部应建立项目环境管理制度，掌握监控环境信息，采取应对措施。

7.7.3 项目部应建立和执行安全防范及治安管理制度，落实防范范围和责任，检查报警和救护系统的适应性和有效性。

7.7.4 项目部应建立施工现场卫生防疫管理制度。

7.7.5 当现场发生安全事故时，应按国家现行有关规定处理。

7.8 施工变更管理

7.8.1 项目部应按合同变更程序进行施工变更管理。

7.8.2 施工组应根据合同变更的内容和对施工的要求，对质量、安全、费用、进度、职业健康和环境保护等的影响进行评估，并应配合项目部实施和控制。

8 项目试运行管理

8.1 一 般 规 定

8.1.1 项目部应依据合同约定进行项目试运行管理和服务。

8.1.2 项目试运行管理由试运行经理负责，并适时组建试运行组。在试运行管理和服务过程中，试运行经理应接受项目经理和工程总承包企业试运行管理部门的管理。

8.1.3 依据合同约定，试运行管理内容可包括试运行执行计划的编制、试运行准备、人员培训、试运行过程指导与服务等。

8.2 试运行执行计划

8.2.1 试运行执行计划应由试运行经理负责组织编制，经项目经理批准、项目发包人确认后组织实施。

8.2.2 试运行执行计划应包括下列主要内容：

　1 总体说明；

　2 组织机构；

　3 进度计划；

　4 资源计划；

　5 费用计划；

　6 培训计划；

　7 考核计划；

　8 质量、安全、职业健康和环境保护要求；

　9 试运行文件编制要求；

　10 试运行准备工作要求；

　11 项目发包人和相关方的责任分工等。

8.2.3 试运行执行计划应按项目特点，安排试运行工作内容、程序和周期。

8.2.4 培训计划应依据合同约定和项目特点编制，经项目发包人批准后实施，培训计划宜包括下列主要内容：

　1 培训目标；

　2 培训岗位；

　3 培训人员、时间安排；

　4 培训与考核方式；

5 培训地点；

6 培训设备；

7 培训费用；

8 培训内容及教材等。

8.2.5 考核计划应依据合同约定的目标、考核内容和项目特点进行编制，考核计划应包括下列主要内容：

1 考核项目名称；

2 考核指标；

3 责任分工；

4 考核方式；

5 手段及方法；

6 考核时间；

7 检测或测量；

8 化验仪器设备及工机具；

9 考核结果评价及确认等。

8.3 试运行实施

8.3.1 试运行经理应依据合同约定，负责组织或协助项目发包人编制试运行方案。试运行方案宜包括下列主要内容：

1 工程概况；

2 编制依据和原则；

3 目标与采用标准；

4 试运行应具备的条件；

5 组织指挥系统；

6 试运行进度安排；

7 试运行资源配置；

8 环境保护设施投运安排；

9 安全及职业健康要求；

10 试运行预计的技术难点和采取的应对措施等。

8.3.2 项目部应配合项目发包人进行试运行前的准备工作，确保按设计文件及相关标准完成生产系统、配套系统和辅助系统的施工安装及调试工作。

8.3.3 试运行经理应按试运行执行计划和方案的要求落实相关的技术、人员和物资。

8.3.4 试运行经理应组织检查影响合同目标考核达标存在的问题，并落实解决措施。

8.3.5 合同目标考核的时间和周期应依据合同约定和考核计划执行。考核期内，全部保证值达标时，合同双方代表应分项或统一签署合同目标考核合格证书。

8.3.6 依据合同约定，培训服务的内容可包括生产管理和操作人员的理论培训、模拟培训和实际操作培训。

9 项目风险管理

9.1 一 般 规 定

9.1.1 工程总承包企业应制定风险管理规定，明确风险管理职责与要求。

9.1.2 项目部应编制项目风险管理程序，明确项目风险管理职责，负责项目风险管理的组织与协调。

9.1.3 项目部应制定项目风险管理计划，确定项目风险管理目标。

9.1.4 项目风险管理应贯穿于项目实施全过程，宜分阶段进行动态管理。

9.1.5 项目风险管理宜采用适用的方法和工具。

9.1.6 工程总承包企业通过汇总已发生的项目风险事件，可建立并完善项目风险数据库和项目风险损失事件库。

9.2 风 险 识 别

9.2.1 项目部应在项目策划的基础上，依据合同约定对设计、采购、施工和试运行阶段的风险进行识别，形成项目风险识别清单，输出项目风险识别结果。

9.2.2 项目风险识别过程宜包括下列主要内容：

    1 识别项目风险；

    2 对项目风险进行分类；

    3 输出项目风险识别结果。

9.3 风 险 评 估

9.3.1 项目部应在项目风险识别的基础上进行项目风险评估，并应输出评估结果。

9.3.2 项目风险评估过程宜包括下列主要内容：

    1 收集项目风险背景信息；

    2 确定项目风险评估标准；

    3 分析项目风险发生的几率和原因，推测产生的后果；

    4 采用适用的风险评价方法确定项目整体风险水平；

    5 采用适用的风险评价工具分析项目各风险之间的相互关系，确定项目重大风险；

    6 对项目风险进行对比和排序；

7 输出项目风险的评估结果。

9.4　风　险　控　制

9.4.1　项目部应根据项目风险识别和评估结果，制定项目风险应对措施或专项方案。对项目重大风险应制定应急预案。

9.4.2　项目风险控制过程宜包括下列主要内容：

1　确定项目风险控制指标；

2　选择适用的风险控制方法和工具；

3　对风险进行动态监测，并更新风险防范级别；

4　识别和评估新的风险，提出应对措施和方法；

5　风险预警；

6　组织实施应对措施、专项方案或应急预案；

7　评估和统计风险损失。

9.4.3　项目部应对项目风险管理实施动态跟踪和监控。

9.4.4　项目部应对项目风险控制效果进行评估和持续改进。

10 项目进度管理

10.1 一 般 规 定

10.1.1 项目部应建立项目进度管理体系，按合理交叉、相互协调、资源优化的原则，对项目进度进行控制管理。

10.1.2 项目部应对进度控制、费用控制和质量控制等进行协调管理。

10.1.3 项目进度管理应按项目工作分解结构逐级管理。项目进度控制宜采用赢得值管理、网络计划和信息技术。

10.2 进 度 计 划

10.2.1 项目进度计划应按合同要求的工作范围和进度目标，制定工作分解结构并编制进度计划。

10.2.2 项目进度计划文件应包括进度计划图表和编制说明。

10.2.3 项目总进度计划应依据合同约定的工作范围和进度目标进行编制。项目分进度计划在总进度计划的约束条件下，根据细分的活动内容、活动逻辑关系和资源条件进行编制。

10.2.4 项目分进度计划应在控制经理协调下，由设计经理、采购经理、施工经理和试运行经理组织编制，并由项目经理审批。

10.3 进 度 控 制

10.3.1 项目实施过程中，项目控制人员应对进度实施情况进行跟踪、数据采集，并应根据进度计划，优化资源配置，采用检查、比较、分析和纠偏等方法和措施，对计划进行动态控制。

10.3.2 进度控制应按检查、比较、分析和纠偏的步骤进行，并应符合下列规定：

    1 应对工程项目进度执行情况进行跟踪和检测，采集相关数据；

    2 应对进度计划实际值与基准值进行比较，发现进度偏差；

    3 应对比较的结果进行分析，确定偏差幅度、偏差产生的原因及对项目进度目标的影响程度；

    4 应根据工程的具体情况和偏差分析结果，预测整个项目的进度发展趋势，对可能的进度延迟进行预警，提出纠偏建议，采取适当的措施，使进度控制在允许的偏差范围内。

10.3.3 进度偏差分析应按下列程序进行：

1 采用赢得值管理技术分析进度偏差；

2 运用网络计划技术分析进度偏差对进度的影响，并应关注关键路径上各项活动的时间偏差。

10.3.4 项目部应定期发布项目进度执行报告。

10.3.5 项目部应按合同变更程序进行计划工期的变更管理，根据合同变更的内容和对计划工期、费用的要求，预测计划工期的变更对质量、安全、职业健康和环境保护等的影响，并实施和控制。

10.3.6 当项目活动进度拖延时，项目计划工期的变更应符合下列规定：

1 该项活动负责人应提出活动推迟的时间和推迟原因的报告；

2 项目进度管理人员应系统分析该活动进度的推迟对计划工期的影响；

3 项目进度管理人员应向项目经理报告处理意见，并转发给费用管理人员和质量管理人员；

4 项目经理应综合各方面意见作出修改计划工期的决定；

5 修改的计划工期大于合同工期时，应报项目发包人确认并按合同变更处理。

10.3.7 项目部应根据项目进度计划对设计、采购、施工和试运行之间的接口关系进行重点监控。

10.3.8 项目部应根据项目进度计划对分包工程项目进度进行控制。

11 项目质量管理

11.1 一般规定

11.1.1 工程总承包企业应按质量管理体系要求,规范工程总承包项目的质量管理。

11.1.2 项目质量管理应贯穿项目管理的全过程,按策划、实施、检查、处置循环的工作方法进行全过程的质量控制。

11.1.3 项目部应设专职质量管理人员,负责项目的质量管理工作。

11.1.4 项目质量管理应按下列程序进行:

    1 明确项目质量目标;

    2 建立项目质量管理体系;

    3 实施项目质量管理体系;

    4 监督检查项目质量管理体系的实施情况;

    5 收集、分析和反馈质量信息,并制定纠正措施。

11.2 质量计划

11.2.1 项目策划过程中应由质量经理负责组织编制质量计划,经项目经理批准发布。

11.2.2 项目质量计划应体现从资源投入到完成工程交付的全过程质量管理与控制要求。

11.2.3 项目质量计划的编制应根据下列主要内容:

    1 合同中规定的产品质量特性、产品须达到的各项指标及其验收标准和其他质量要求;

    2 项目实施计划;

    3 相关的法律法规、技术标准;

    4 工程总承包企业质量管理体系文件及其要求。

11.2.4 项目质量计划应包括下列主要内容:

    1 项目的质量目标、指标和要求;

    2 项目的质量管理组织与职责;

    3 项目质量管理所需要的过程、文件和资源;

    4 实施项目质量目标和要求采取的措施。

11.3 质量控制

11.3.1 项目的质量控制应对项目所有输入的信息、要求和资源的有效性进行控制。

11.3.2 项目部应根据项目质量计划对设计、采购、施工和试运行阶段接口的质量进行重点控制。

11.3.3 项目质量经理应负责组织检查、监督、考核和评价项目质量计划的执行情况，验证实施效果并形成报告。对出现的问题、缺陷或不合格，应召开质量分析会，并制定整改措施。

11.3.4 项目部按规定应对项目实施过程中形成的质量记录进行标识、收集、保存和归档。

11.3.5 项目部应根据项目质量计划对分包工程项目质量进行控制。

11.4　质量改进

11.4.1 项目部人员应收集和反馈项目的各种质量信息。

11.4.2 项目部应定期对收集的质量信息进行数据分析；召开质量分析会议，找出影响工程质量的原因，采取纠正措施，定期评价其有效性，并反馈给工程总承包企业。

11.4.3 工程总承包企业应依据合同约定对保修期或缺陷责任期内发生的质量问题提供保修服务。

11.4.4 工程总承包企业应收集并接受项目发包人意见，获取项目运行信息，应将回访和项目发包人满意度调查工作纳入企业的质量改进活动中。

12　项目费用管理

12.1　一　般　规　定

12.1.1　工程总承包企业应建立项目费用管理系统以满足工程总承包管理的需要。

12.1.2　项目部应设置费用估算和费用控制人员，负责编制工程总承包项目费用估算，制定费用计划和实施费用控制。

12.1.3　项目部应对费用控制与进度控制和质量控制等进行统筹决策、协调管理。

12.1.4　项目部可采用赢得值管理技术及相应的项目管理软件进行费用和进度综合管理。

12.2　费　用　估　算

12.2.1　项目部应根据项目的进展编制不同深度的项目费用估算。

12.2.2　编制项目费用估算的依据应包括下列主要内容：

　1　项目合同；

　2　工程设计文件；

　3　工程总承包企业决策；

　4　有关的估算基础资料；

　5　有关法律文件和规定。

12.2.3　根据不同阶段的设计文件和技术资料，应采用相应的估算方法编制项目费用估算。

12.3　费　用　计　划

12.3.1　项目费用计划应由控制经理组织编制，经项目经理批准后实施。

12.3.2　项目费用计划编制的主要依据应为经批准的项目费用估算、工作分解结构和项目进度计划。

12.3.3　项目部应将批准的项目费用估算按项目进度计划分配到各个工作单元，形成项目费用预算，作为项目费用控制的基准。

12.4　费　用　控　制

12.4.1　项目部应采用目标管理方法对项目实施期间的费用进行过程控制。

12.4.2 费用控制应根据项目费用计划、进度报告及工程变更，采用检查、比较、分析、纠偏等方法和措施，对费用进行动态控制，将费用控制在项目批准的预算以内。

12.4.3 费用控制应按检查、比较、分析和纠偏的步骤进行，并应符合下列规定：

1 应对工程项目费用执行情况进行跟踪和检测，采集相关数据；

2 应对已完工作的预算费用与实际费用进行比较，发现费用偏差；

3 应对比较的结果进行分析，确定偏差幅度、偏差产生的原因及对项目费用目标的影响程度；

4 应根据工程的具体情况和偏差分析结果，对整个项目竣工时的费用进行预测，对可能的超支进行预警，采取适当的措施，把费用偏差控制在允许的范围内。

12.4.4 项目部应按合同变更程序进行费用变更管理，根据合同变更的内容和对费用、进度的要求，预测费用变更对质量、安全、职业健康和环境保护等的影响，并进行实施和控制。

12.4.5 项目部应定期编制项目费用执行报告。

13　项目安全、职业健康与环境管理

13.1　一 般 规 定

13.1.1　工程总承包企业应按职业健康安全管理和环境管理体系要求，规范工程总承包项目的职业健康安全和环境管理。

13.1.2　项目部应设置专职管理人员，在项目经理领导下，具体负责项目安全、职业健康与环境管理的组织与协调工作。

13.1.3　项目安全管理应进行危险源辨识和风险评价，制定安全管理计划，并进行控制。

13.1.4　项目职业健康管理应进行职业健康危险源辨识和风险评价，制定职业健康管理计划，并进行控制。

13.1.5　项目环境保护应进行环境因素辨识和评价，制定环境保护计划，并进行控制。

13.2　安 全 管 理

13.2.1　项目经理应为项目安全生产主要负责人，并应负有下列职责：

1　建立、健全项目安全生产责任制；

2　组织制定项目安全生产规章制度和操作规程；

3　组织制定并实施项目安全生产教育和培训计划；

4　保证项目安全生产投入的有效实施；

5　督促、检查项目的安全生产工作，及时消除生产安全事故隐患；

6　组织制定并实施项目的生产安全事故应急救援预案；

7　及时、如实报告项目生产安全事故。

13.2.2　项目部应根据项目的安全管理目标，制定项目安全管理计划，并按规定程序批准实施。项目安全管理计划应包括下列主要内容：

1　项目安全管理目标；

2　项目安全管理组织机构和职责；

3　项目危险源辨识、风险评价与控制措施；

4　对从事危险和特种作业人员的培训教育计划；

5　对危险源及其风险规避的宣传与警示方式；

6　项目安全管理的主要措施与要求；

7　项目生产安全事故应急救援预案的演练计划。

13.2.3 项目部应对项目安全管理计划的实施进行管理，并应符合下列规定：

    1 应为实施、控制和改进项目安全管理计划提供资源；

    2 应逐级进行安全管理计划的交底或培训；

    3 应对安全管理计划的执行进行监视和测量，动态识别潜在的危险源和紧急情况，采取措施，预防和减少危险。

13.2.4 项目安全管理必须贯穿于设计、采购、施工和试运行各阶段，并应符合下列规定：

    1 设计应满足本质安全要求；

    2 采购应对设备、材料和防护用品进行安全控制；

    3 施工应对所有现场活动进行安全控制；

    4 项目试运行前，应开展项目安全检查等工作。

13.2.5 项目部应配合项目发包人按规定向相关部门申报项目安全施工措施的有关文件。

13.2.6 在分包合同中，项目承包人应明确相应的安全要求，项目分包人应按要求履行其安全职责。

13.2.7 项目部应制定生产安全事故隐患排查治理制度，采取技术和管理措施，及时发现并消除事故隐患，应记录事故隐患排查治理情况，并应向从业人员通报。

13.2.8 当发生安全事故时，项目部应立即启动应急预案，组织实施应急救援并按规定及时、如实报告。

13.3 职业健康管理

13.3.1 项目部应按工程总承包企业的职业健康方针，制定项目职业健康管理计划，并按规定程序批准实施。项目职业健康管理计划宜包括下列主要内容：

    1 项目职业健康管理目标；

    2 项目职业健康管理组织机构和职责；

    3 项目职业健康管理的主要措施。

13.3.2 项目部应对项目职业健康管理计划的实施进行管理，并应符合下列规定：

    1 应为实施、控制和改进项目职业健康管理计划提供必要的资源；

    2 应进行职业健康的培训；

    3 应对项目职业健康管理计划的执行进行监视和测量，动态识别潜在的危险源和紧急情况，采取措施，预防和减少伤害。

13.3.3 项目部应制定项目职业健康的检查制度，对影响职业健康的因素采取措施，记录并保存检查结果。

13.4 环 境 管 理

13.4.1 项目部应根据批准的建设项目环境影响评价文件，编制用于指导项目实施过程的项目环境保护计划，并按规定程序批准实施，包括下列主要内容：

    1 项目环境保护的目标及主要指标；

    2 项目环境保护的实施方案；

    3 项目环境保护所需的人力、物力、财力和技术等资源的专项计划；

    4 项目环境保护所需的技术研发和技术攻关等工作；

    5 项目实施过程中防治环境污染和生态破坏的措施，以及投资估算。

13.4.2 项目部应对项目环境保护计划的实施进行管理，并应符合下列规定：

    1 应为实施、控制和改进项目环境保护计划提供必要的资源；

    2 应进行环境保护的培训；

    3 应对项目环境保护管理计划的执行进行监视和测量，动态识别潜在的环境因素和紧急情况，采取措施，预防和减少对环境产生的影响；

    4 落实环境保护主管部门对施工阶段的环保要求，以及施工过程中的环境保护措施；对施工现场的环境进行有效控制，建立良好的作业环境。

13.4.3 项目部应制定项目环境巡视检查和定期检查制度，对影响环境的因素应采取措施，记录并保存检查结果。

13.4.4 项目部应建立环境管理不符合状况的处置和调查程序，明确有关职责和权限，实施纠正措施。

14 项目资源管理

14.1 一 般 规 定

14.1.1 工程总承包企业应建立并完善项目资源管理机制，使项目人力、设备、材料、机具、技术和资金等资源适应工程总承包项目管理的需要。

14.1.2 项目资源管理应在满足实现工程总承包项目的质量、安全、费用、进度以及其他目标需要的基础上，进行项目资源的优化配置。

14.1.3 项目资源管理的全过程应包括项目资源的计划、配置、控制和调整。

14.2 人力资源管理

14.2.1 项目部应根据项目实施计划，编制人力资源需求、使用和培训计划，经工程总承包企业批准，配置项目人力资源，建立项目团队。

14.2.2 项目部应对项目人力资源进行优化配置和成本控制，并对项目从业人员的从业资格与能力进行管理。

14.2.3 项目部应根据工程总承包企业要求，制定项目绩效考核和奖惩制度，对项目部人员实施考核和奖惩。

14.3 设备材料管理

14.3.1 项目部应编制设备、材料控制计划，建立项目设备、材料控制程序和现场管理规定，对设备、材料进行管理和控制。

14.3.2 项目部设备、材料管理人员应对设备、材料进行入场检验、仓储管理、出入库管理和不合格品管理等。

14.3.3 项目部应依据合同约定对项目发包人提供的设备、材料进行控制。

14.4 机 具 管 理

14.4.1 项目部应编制项目机具需求和使用计划。对进入施工现场的机具应进行检验和登记，并按要求报验。

14.4.2 项目部应对现场施工机具的使用统一进行管理。

14.5 技 术 管 理

14.5.1 项目部应执行工程总承包企业相关技术管理规定，对项目的技术资源与技术活动进行计划、组织、协调和控制。

14.5.2 项目部应对设计、采购、施工和试运行过程中涉及的技术资源与技术活动进行过程管理。

14.5.3 项目部应依据合同约定和工程总承包企业知识产权有关规定，对项目所涉及的知识产权进行管理。

14.6 资 金 管 理

14.6.1 项目部及工程总承包企业相关职能部门应制定资金管理目标和计划，对项目实施过程中的资金流进行管理和控制。

14.6.2 项目部应根据工程总承包企业的资金管理规章制度，制定项目资金管理规定，并接受企业财务部门的监督、检查和控制。

14.6.3 项目部应配合工程总承包企业相关职能部门，依法进行项目的税费筹划和管理。

14.6.4 项目部应对项目资金计划进行管理。项目财务管理人员应根据项目进度计划、费用计划、合同价款及支付条件，编制项目资金流动计划和项目财务用款计划，按规定程序审批和实施。

14.6.5 项目部应依据合同约定向项目发包人提交工程款结算报告和相关资料，收取工程价款。

14.6.6 项目部应对资金风险进行管理。分析项目资金收入和支出情况，降低资金使用成本，提高资金使用效率，规避资金风险。

14.6.7 项目部应根据工程总承包企业财务制度，向企业财务部门提出项目财务报表。

14.6.8 项目竣工后，项目部应完成项目成本和经济效益分析报告，并上报工程总承包企业相关职能部门。

15　项目沟通与信息管理

15.1　一　般　规　定

15.1.1　工程总承包企业应建立项目沟通与信息管理系统，制定沟通与信息管理程序和制度。

15.1.2　工程总承包企业应利用现代信息及通信技术对项目全过程所产生的各种信息进行管理。

15.1.3　项目部应运用各种沟通工具及方法，采取相应的组织协调措施与项目干系人进行信息沟通。

15.1.4　项目部应根据项目规模、特点与工作需要，设置专职或兼职项目信息管理和文件管理控制岗位。

15.2　沟　通　管　理

15.2.1　项目沟通管理应贯穿工程总承包项目管理的全过程。

15.2.2　项目部应制定项目沟通管理计划，明确沟通的内容和方式，并根据项目实施过程中的情况变化进行调整。

15.2.3　项目部应根据工程总承包项目的特点，以及项目相关方不同的需求和目标，采取协调措施。

15.3　信　息　管　理

15.3.1　项目部应建立与企业相匹配的项目信息管理系统，实现数据的共享和流转，对信息进行分析和评估。

15.3.2　项目部应制定项目信息管理计划，明确信息管理的内容和方式。

15.3.3　项目信息管理系统应符合下列规定：

　　1　应与工程总承包企业的信息管理系统相兼容；

　　2　应便于信息的输入、处理和存储；

　　3　应便于信息的发布、传递和检索；

　　4　应具有数据安全保护措施。

15.3.4　项目部应制定收集、处理、分析、反馈和传递项目信息的管理规定，并监督执行。

15.3.5 项目部应依据合同约定和工程总承包企业有关规定，确定项目统一的信息结构、分类和编码规则。

15.4 文 件 管 理

15.4.1 项目文件和资料应随项目进度收集和处理，并按项目统一规定进行管理。

15.4.2 项目部应按档案管理标准和规定，将设计、采购、施工和试运行阶段形成的文件和资料进行归档，档案资料应真实、有效和完整。

15.5 信息安全及保密

15.5.1 项目部应遵守工程总承包企业信息安全的有关规定，并应符合合同要求。

15.5.2 项目部应根据工程总承包企业信息安全和保密有关规定，采取信息安全与保密措施。

15.5.3 项目部应根据工程总承包企业的管理规定进行信息的备份和存档。

16 项目合同管理

16.1 一般规定

16.1.1 工程总承包企业的合同管理部门应负责项目合同的订立，对合同的履行进行监督，并负责合同的补充、修改和（或）变更、终止或结束等有关事宜的协调与处理。

16.1.2 工程总承包项目合同管理应包括工程总承包合同和分包合同管理。

16.1.3 项目部应根据工程总承包企业合同管理规定，负责组织对工程总承包合同的履行，并对分包合同的履行实施监督和控制。

16.1.4 项目部应根据工程总承包企业合同管理要求和合同约定，制定项目合同变更程序，把影响合同要约条件的变更纳入项目合同管理范围。

16.1.5 工程总承包合同和分包合同以及项目实施过程的合同变更和协议，应以书面形式订立，并成为合同的组成部分。

16.2 工程总承包合同管理

16.2.1 项目部应根据工程总承包企业相关规定建立工程总承包合同管理程序。

16.2.2 工程总承包合同管理宜包括下列主要内容：

    1 接收合同文本并检查、确认其完整性和有效性；

    2 熟悉和研究合同文本，了解和明确项目发包人的要求；

    3 确定项目合同控制目标，制定实施计划和保证措施；

    4 检查、跟踪合同履行情况；

    5 对项目合同变更进行管理；

    6 对合同履行中发生的违约、索赔和争议处理等事宜进行处理；

    7 对合同文件进行管理；

    8 进行合同收尾。

16.2.3 项目部合同管理人员应全过程跟踪检查合同履行情况，收集和整理合同信息和管理绩效评价，并应按规定报告项目经理。

16.2.4 项目合同变更应按下列程序进行：

    1 提出合同变更申请；

    2 控制经理组织相关人员开展合同变更评审并提出实施和控制计划；

    3 报项目经理审查和批准，重大合同变更应报工程总承包企业负责人签认；

    4 经项目发包人签认，形成书面文件；

5 组织实施。

16.2.5 提出合同变更申请时应填写合同变更单。合同变更单宜包括下列主要内容：

1 变更的内容；

2 变更的理由和处理措施；

3 变更的性质和责任承担方；

4 对项目质量、安全、费用和进度等的影响。

16.2.6 合同争议处理应按下列程序进行：

1 准备并提供合同争议事件的证据和详细报告；

2 通过和解或调解达成协议，解决争议；

3 和解或调解无效时，按合同约定提交仲裁或诉讼处理。

16.2.7 项目部应依据合同约定，对合同的违约责任进行处理。

16.2.8 合同索赔处理应符合下列规定：

1 应执行合同约定的索赔程序和规定；

2 应在规定时限内向对方发出索赔通知，并提出书面索赔报告和证据；

3 应对索赔费用和工期的真实性、合理性及准确性进行核定；

4 应按最终商定或裁定的索赔结果进行处理。索赔金额可作为合同总价的增补款或扣减款。

16.2.9 项目合同文件管理应符合下列规定：

1 应明确合同管理人员在合同文件管理中的职责，并依据合同约定的程序和规定进行合同文件管理；

2 合同管理人员应对合同文件定义范围内的信息、记录、函件、证据、报告、合同变更、协议、会议纪要、签证单据、图纸资料、标准规范及相关法规等进行收集、整理和归档。

16.2.10 合同收尾工作应符合下列规定：

1 合同收尾工作应依据合同约定的程序、方法和要求进行；

2 合同管理人员应建立合同文件索引目录；

3 合同管理人员确认合同约定的保修期或缺陷责任期已满并完成了缺陷修补工作时，应向项目发包人发出书面通知，要求项目发包人组织核定工程最终结算及签发合同项目履约证书或验收证书，关闭合同；

4 项目竣工后，项目部应对合同履行情况进行总结和评价。

16.3 分包合同管理

16.3.1 项目部及合同管理人员，应依据合同约定，将需要订立的分包合同纳入整体合同管理范围，并要求分包合同管理与工程总承包合同管理保持协调一致。

16.3.2 项目部应依据合同约定和企业授权，订立设计、采购、施工、试运行或其他咨询服务分包合同。

16.3.3 项目部应对分包合同生效后的履行、变更、违约、索赔、争议处理、终止或收尾结束的全部活动实施监督和控制。

16.3.4 分包合同管理宜包括下列主要内容：

1 明确分包合同的管理职责；

2 分包招标的准备和实施；

3 分包合同订立；

4 对分包合同实施监控；

5 分包合同变更处理；

6 分包合同争议处理；

7 分包合同索赔处理；

8 分包合同文件管理；

9 分包合同收尾。

16.3.5 项目部应依据合同约定，明确分包类别及职责，组织订立分包合同，协调和监督分包合同的履行。

16.3.6 项目部可根据工程总承包项目的范围、内容、要求和资源状况等进行分包，分包方式根据项目实际情况确定。

16.3.7 项目承包人与项目分包人应订立分包合同。

16.3.8 项目部应按下列规定组织分包合同谈判：

1 应明确谈判方针和策略，制定谈判工作计划；

2 应按计划做好谈判准备工作；

3 应明确谈判的主要内容，并按计划组织实施。

16.3.9 项目部应组织分包合同的评审，确定最终的合同文本，按工程总承包企业规定或经授权订立分包合同。

16.3.10 分包合同文件组成及其优先次序应包括下列内容：

1 协议书；

2 中标通知书；

3 专用条款；

4 通用条款；

5 投标书和构成合同组成部分的其他文件；

6 招标文件。

16.3.11 分包合同履行的管理应符合下列规定：

1 项目部应依据合同约定，对项目分包人的合同履行进行监督和管理，并履行约定的责任和义务；

2 合同管理人员应对分包合同确定的目标实行跟踪监督和动态管理；

3 在分包合同履行过程中，项目分包人应向项目承包人负责。

16.3.12 项目部应按合同变更程序进行分包合同变更管理，根据分包合同变更的内容和对分包的要求，预测相关费用和进度，并实施和控制。分包合同变更应成为分包合同的组成部分。对于合同变更，项目部应按规定向工程总承包企业合同管理部门报告。

16.3.13 分包合同变更应按下列程序进行：

1 综合评估分包变更实施方案对项目质量、安全、费用和进度等的影响；

2 根据评估意见调整或完善后的实施方案，报项目经理审查并按工程总承包企业合同管理程序审批；

3 进行沟通和谈判，签订分包变更合同或协议；

4 监控变更合同或协议的实施。

16.3.14 分包合同收尾应符合下列规定：

1 项目部应按分包合同约定程序和要求进行分包合同的收尾；

2 合同管理人员应对分包合同约定目标进行核查和验证，当确认已完成缺陷修补并达标时，进行分包合同的最终结算和关闭分包合同的工作；

3 当分包合同关闭后应进行总结评价工作，包括对分包合同订立、履行及其相关效果的评价。

17　项　目　收　尾

17.1　一　般　规　定

17.1.1　项目收尾工作应由项目经理负责。

17.1.2　项目收尾工作宜包括下列主要内容：

　　1　依据合同约定，项目承包人向项目发包人移交最终产品、服务或成果；

　　2　依据合同约定，项目承包人配合项目发包人进行竣工验收；

　　3　项目结算；

　　4　项目总结；

　　5　项目资料归档；

　　6　项目剩余物资处置；

　　7　项目考核与审计；

　　8　对项目分包人及供应商的后评价。

17.2　竣　工　验　收

17.2.1　项目竣工验收应由项目发包人负责。

17.2.2　工程项目达到竣工验收条件时，项目发包人应向负责竣工验收的单位提出竣工验收申请报告。

17.3　项　目　结　算

17.3.1　项目部应依据合同约定，编制项目结算报告。

17.3.2　项目部应向项目发包人提交项目结算报告及资料，经双方确认后进行项目结算。

17.4　项　目　总　结

17.4.1　项目经理应组织相关人员进行项目总结并编制项目总结报告。

17.4.2　项目部应完成项目完工报告。

17.5　考　核　与　审　计

17.5.1　工程总承包企业应依据项目管理目标责任书对项目部进行考核。

17.5.2 项目部应依据项目绩效考核和奖惩制度对项目团队成员进行考核。

17.5.3 项目部应依据工程总承包企业对项目分包人及供应商的管理规定对项目分包人及供应商进行后评价。

17.5.4 项目部应依据工程总承包企业有关规定配合项目审计。

本规范用词说明

1　为便于在执行本规范条文时区别对待，对要求严格程度不同的用词说明如下：

1）表示很严格，非这样做不可的：

正面词采用"必须"，反面词采用"严禁"；

2）表示严格，在正常情况下均应这样做的：

正面词采用"应"，反面词采用"不应"或"不得"；

3）表示允许稍有选择，在条件许可时首先这样做的：

正面词采用"宜"，反面词采用"不宜"；

4）表示有选择，在一定条件下可以这样做的，可采用"可"。

2　条文中指明应按其他有关标准执行的写法为："应符合……的规定"或"应按……执行"。

中华人民共和国国家标准

建设项目工程总承包管理规范

GB/T 50358—2017

条 文 说 明

编 制 说 明

《建设项目工程总承包管理规范》GB/T 50358—2017，经住房和城乡建设部2017年5月4日以第1535号公告批准、发布。

本规范是在《建设项目工程总承包管理规范》GB/T 50358—2005的基础上修订而成，前一版规范的主编单位是中国勘察设计协会建设项目管理和工程总承包分会，参编单位是中国成达工程公司、中国石化工程建设公司、北京国电华北电力工程有限公司、中冶京诚工程技术有限公司、中国寰球工程公司、上海建工集团总公司、中国电子工程设计院、中冶赛迪工程技术股份有限公司、中国纺织工业设计院、天津大学管理学院、同济大学经济管理学院、北京中寰工程项目管理公司、中国机械装备（集团）公司、中国石油天然气管道工程有限公司、铁道第四勘察设计院、五洲工程设计研究院、中国海诚工程科技股份有限公司、中国建筑工程总公司、中建国际建设公司、北京城建集团有限责任公司、中国有色矿业建设集团有限公司、中国冶金建设集团公司、水利部黄河水利委员会勘测规划设计研究院。主要起草人员是万柏春、何国瑞、胡德银、蔡强华、张秀东、蔡云、曹钢、范国庆、冯绍铉、张名革、张宝丰、伍亿冰、王雪青、王亮、李培彬、林知炎、曹建勇。

本规范修订过程中，编制组充分发挥来自石油、石化、化工、冶金、电力、轻工、机械、铁道、电子、煤炭、建筑等行业工程总承包企业专家和高等院校项目管理专家的作用，系统总结了各行业近二十多年国内外工程总承包管理经验，依据国家相关法律法规，对规范修改内容反复讨论、斟酌，形成了一致意见。

本规范在原规范结构的基础上进行了优化，删除了原规范"工程总承包管理内容与程序"一章，其内容并入相关章节条文说明，增加了"项目风险管理"、"项目收尾"两章，将原规范相关章节的变更管理统一归集到项目合同管理一章。对其他章节部分条款按照相关规定做了适当修改。使规范在结构上更加完善，用词与定义更加一致，变更管理与项目合同管理更加协调。

为便于广大设计、施工、项目管理咨询、监理、科研、学校等单位有关人员在使用本规范时能正确理解和执行条文规定，《建设项目工程总承包管理规范》修订编制组按章、节、条顺序编制了本规范的条文说明，对条文规定的目的、依据等进一步说明和解释。本条文说明不具备与规范正文同等的法律效力，仅供使用者作为理解和把握规范规定的参考。

目　　次

1 总　　则

1.0.1　本规范是规范建设项目工程总承包管理活动的基本依据。

1.0.2　工程总承包项目过程管理包括：产品实现过程和项目管理过程。产品实现过程的管理，包括设计、采购、施工和试运行的管理。项目管理过程的管理，包括项目启动、项目策划、项目实施、项目控制和项目收尾的管理。

项目部在实施项目过程中，每一管理过程需体现策划（plan）、实施（do）、检查（check）、处置（action）即 PDCA 循环。

2 术 语

2.0.1 工程总承包可以是全过程的承包，也可以是分阶段的承包。工程总承包的范围、承包方式、责权利等由合同约定。工程总承包有下列方式：

    1 设计采购施工（EPC）/交钥匙工程总承包，即工程总承包企业依据合同约定，承担设计、采购、施工和试运行工作，并对承包工程的质量、安全、费用和进度等全面负责。

    2 设计－施工总承包（D-B），即工程总承包企业依据合同约定，承担工程项目的设计和施工，并对承包工程的质量、安全、费用、进度、职业健康和环境保护等全面负责。

    3 根据工程项目的不同规模、类型和项目发包人要求，工程总承包还可采用设计-采购总承包（E-P）和采购-施工总承包（P-C）等方式。

2.0.2 项目部是工程总承包企业为履行项目合同而临时组建的项目管理组织，由项目经理负责组建。项目部在项目经理领导下负责工程总承包项目的计划、组织、实施、控制和收尾等工作。项目部是一次性组织，随着项目启动而建立，随着项目结束而解散。项目部从履行项目合同的角度对工程总承包项目实行全过程的管理，工程总承包企业的职能部门按照职能规定对项目实施全过程进行支持，构成项目实施的矩阵式管理。项目部的主要成员，如设计经理、采购经理、施工经理、试运行经理和财务经理等，分别接受项目经理和工程总承包企业职能部门的管理。

2.0.3 项目管理一词在不同的应用领域有各种不同的解释。广义的项目管理解释，如美国项目管理学会（Project Management Institute-PMI）标准《项目管理知识体系指南》（A guide to the project management body of knowledge-PMBOK）定义：项目管理是把项目管理知识、技能、工具和技术用于项目活动中，以达到项目目标。ISO 10006《项目管理质量指南》（Guidelines to quality in project management）定义：项目管理包括在项目连续过程中对项目的各方面进行策划、组织、监测和控制等活动，以达到项目目标。本规范中项目管理是指工程总承包企业对工程总承包项目进行的项目管理，包括设计、采购、施工和试运行全过程的质量、安全、费用和进度等全方位的策划、组织实施、控制和收尾等。本规范所指项目管理适用于工程总承包项目管理应用领域。

2.0.4 项目管理体系需与企业的其他管理体系如质量管理体系、环境管理体系和职业健康安全管理体系等相容或互为补充。

2.0.6 项目管理计划由项目经理组织编制，向工程总承包企业管理层阐明管理合同项目的方针、原则、对策和建议。项目管理计划是企业内部文件，可以包含企业内部信息，例如风险和利润等，不向项目发包人提交。项目管理计划批准之后，由项目经理组织编制项目实施计划。

2.0.7 项目实施计划是项目实施的指导性文件，项目实施计划需报项目发包人确认，并作为项目实施的依据。依据工程总承包项目实施计划指导和协调各方面的单项计划，例如设计执行计划、采购执行计划、施工执行计划、试运行执行计划、质量计划、安全管理计划、职业健康管理计划、环境保护计划、进度计划和财务计划等，以保证项目协调、连贯地顺利进行。

2.0.8 用赢得值管理技术进行费用、进度综合控制，基本参数有三项：

1 计划工作的预算费用（budgeted cost for work scheduled-BCWS）；

2 已完工作的预算费用（budgeted cost for work performed-BCWP）；

3 已完工作的实际费用（actual cost for work performed-ACWP）。

其中 BCWP 即所谓赢得值。

采用赢得值管理技术对项目的费用、进度综合控制，可以克服过去费用、进度分开控制的缺点：即当费用超支时，很难判断是由于费用超出预算，还是由于进度提前；当费用低于预算时，很难判断是由于费用节省，还是由于进度拖延。引入赢得值管理技术即可定量地判断进度、费用的执行效果。

在项目实施过程中，以上三个参数可以形成三条曲线，即 BCWS、BCWP、ACWP 曲线，如图 1 所示。

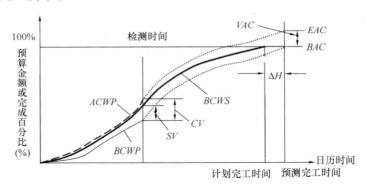

图 1 赢得值曲线

图 1 中：$CV=BCWP-ACWP$，由于两项参数均以已完工作为计算基准，所以两项参数之差，反映项目进展的费用偏差。

$CV=0$，表示实际消耗费用与预算费用相符（on budget）；

$CV>0$，表示实际消耗费用低于预算费用（under budget）；

$CV<0$，表示实际消耗费用高于预算费用，即超预算（over budget）。

$SV=BCWP-BCWS$，由于两项参数均以预算值作为计算基准，所以两者之差，反映项目进展的进度偏差。

$SV=0$，表示实际进度符合计划进度（on schedule）；

$SV>0$，表示实际进度比计划进度提前（ahead）；

$SV<0$，表示实际进度比计划进度拖后（behind）。

采用赢得值管理技术进行费用、进度综合控制，还可以根据当前的进度、费用偏差情况，通过原因分析，对趋势进行预测，预测项目结束时的进度、费用情况。

BAC（budget at completion）为项目完工预算；

EAC（estimate at completion）为预测的项目完工估算；

VAC（variance at completion）为预测项目完工时的费用偏差；

$VAC = BAC - EAC$。

2.0.9 项目实施是执行项目计划并形成项目产品的过程。在这个过程中项目部的大量工作是组织和协调。项目实施按照项目计划开展工作。

2.0.10 项目控制是预防和发现与既定计划之间的偏差，并采取纠正措施。通常在项目计划中规定控制基准，例如赢得值管理技术中进度、费用控制基准（计划工作的预算费用 $BCWS$）。通常只有在项目范围变更的情况下才允许变更控制基准。工程总承包项目主要的控制有综合变更控制、范围变更控制、质量控制、风险控制、费用控制和进度控制等。

2.0.11 项目收尾包括两个方面的内容：一是合同收尾，完成合同规定的全部工作和决算，解决所有未了事项；二是管理收尾，收集、整理和归档项目文件，总结经验和教训，评价项目执行效果，为以后的项目提供参考。

2.0.12 根据我国基本建设程序，一般分为初步设计和施工图设计两个阶段。对于技术复杂而又缺乏设计经验的项目，经主管部门指定按初步设计、技术设计和施工图设计三个阶段进行。为实现设计程序和方法与国际接轨，有些工程项目已经采用发达国家的设计程序和方法，设计阶段划分为工艺（方案、概念）设计、基础工程设计和详细工程设计三个阶段，其深度和设计成品与国内初步设计和施工图设计有所不同。通常国内工程项目按初步设计和施工图设计的深度规定进行设计，涉外项目当项目发包人有要求时可按国际惯例进行设计。

2.0.13 广义的采购，包括设备、材料的采购和设计、施工及劳务采购。本规范的采购是指设备、材料的采购，而把设计、施工、劳务及租赁采购称为分包。

2.0.15 试运行在不同的领域表述不同，例如试车、开车、调试、联动试车、整套（或整体）试运、联调联试、竣工试验和竣工后试验等。

2.0.17 项目进度控制是以项目进度计划为控制基准，通过定期对进度绩效的测量，计算进度偏差，并对偏差原因进行分析，采取相应的纠正措施。当项目范围发生较大变化，或出现重大进度偏差时，经过批准可调整进度计划。

2.0.18 本规范所指项目费用是指工程总承包项目的费用，其范围仅包括合同约定的范围，不包括合同范围以外由项目发包人承担的费用。

2.0.19 项目费用控制是以项目费用预算为控制基准，通过定期对费用绩效的测量，计算费用偏差，对偏差原因进行分析，采取相应的纠正措施。当项目范围发生较大变化，或出现重大费用偏差时，经批准可调整项目费用预算。

2.0.20 项目质量计划是指为实现项目的目标，而对项目质量管理进行规划，它包括制定项目质量的目标、确定拟采用质量体系的目标及其所要求的活动。

2.0.21 项目质量控制的目的是采取一定的措施消除质量偏差，追求质量零缺陷。项目质量控制需贯穿于项目质量管理的全过程。

2.0.24 项目风险存续于项目的整个生命期，除了具有一般意义的风险特征外，由于项目的一次性、独特性、组织的临时性和开放性等特征，对于不同项目，其风险特征各有不同。项目风险管理需强调对项目组织、项目风险、风险管理的动态性以及各阶段过程的有效管理。

2.0.25 项目风险管理本身就是一个项目，有明确的项目目标和工作内容。

2.0.29 工程总承包合同的订立由工程总承包企业负责。

2.0.31 分包合同从广义上说，是指工程总承包企业为完成工程总承包合同，把部分工程或服务分包给其他组织所签订的合同。可以有设计分包合同、采购分包合同、施工分包合同和试运行分包合同等，都属于工程总承包合同的分包合同。

2.0.32 缺陷责任期一般应为 12 个月，最长不超过 24 个月。缺陷责任期满项目发包人需按合同约定向项目承包人返还质保金或保函等。

3 工程总承包管理的组织

3.2 任命项目经理和组建项目部

3.2.2 项目部的设立应包括下列主要内容：

结合项目特点，确定组织形式，并可通过成立设计组、采购组、施工组和试运行组进行项目管理。

3.4 项目部岗位设置及管理

3.4.1 安全经理这里指 HSE 经理，安全工程师这里指 HSE 工程师。HSE 是健康（Health）、安全（Safety）与环境（Environment）的英文缩写。

3.4.2 项目部的岗位设置，需满足项目需要，并明确各岗位的职责、权限和考核标准。项目部主要岗位的职责需符合下列要求：

1 项目经理

项目经理是工程总承包项目的负责人，经授权代表工程总承包企业负责履行项目合同，负责项目的计划、组织、领导和控制，对项目的质量、安全、费用、进度等负责。

2 控制经理

根据合同要求，协助项目经理制定项目总进度计划及费用管理计划。协调其他职能经理组织编制设计、采购、施工和试运行的进度计划。对项目的进度、费用以及设备、材料进行综合管理和控制，并指导和管理项目控制专业人员的工作，审查相关输出文件。

3 设计经理

根据合同要求，执行项目设计执行计划，负责组织、指导和协调项目的设计工作，按合同要求组织开展设计工作，对工程设计进度、质量、费用和安全等进行管理与控制。

4 采购经理

根据合同要求，执行项目采购执行计划，负责组织、指导和协调项目的采购工作，处理采购有关事宜和供应商的关系。完成项目合同对采购要求的技术、质量、安全、费用和进度以及工程总承包企业对采购费用控制的目标与任务。

5 施工经理

根据合同要求，执行项目施工执行计划，负责项目的施工管理，对施工质量、安全、费用和进度进行监控。负责对项目分包人的协调、监督和管理工作。

6 试运行经理

根据合同要求，执行项目试运行执行计划，组织实施项目试运行管理和服务。

7 财务经理

负责项目的财务管理和会计核算工作。

8 质量经理

负责组织建立项目质量管理体系，并保证有效运行。

9 安全经理

负责组织建立项目职业健康安全管理体系和环境管理体系，并保证有效运行。

10 商务经理

协助项目经理，负责组织项目合同的签订和项目合同管理。

11 行政经理

负责项目综合事务管理，包括办公室、行政和人力资源等工作。

3.6 项目经理的职责和权限

3.6.1 项目经理的职责需在工程总承包企业管理制度中规定，具体项目中项目经理的职责，需在项目管理目标责任书中规定。

4 项 目 策 划

4.1 一 般 规 定

4.1.1 通过工程总承包项目的策划活动，形成项目的管理计划和实施计划。

项目管理计划是工程总承包企业对工程总承包项目实施管理的重要内部文件，是编制项目实施计划的基础和重要依据。项目实施计划是对实现项目目标的具体和深化。对项目的资源配置、费用、进度、内外接口和风险管理等制定工作要点和进度控制点。通常项目实施计划需经过项目发包人的审查和确认。根据项目的实际情况，也可将项目管理计划的内容并入项目实施计划中。

4.1.2 项目策划内容中需体现企业发展的战略要求，明确本项目在实现企业战略中的地位，通过对项目各类风险的分析和研究，明确项目部的工作目标、管理原则、管理的基本程序和方法。

4.2 策 划 内 容

4.2.1 在项目实施过程中，技术、质量、安全、费用、进度、职业健康和环境保护等方面的目标和要求是相互关联和相互制约的。在进行项目策划时，需结合项目的实际情况，进行综合考虑、整体协调。由于项目策划的主要依据是合同，因此项目策划的输出需满足合同要求。

4.2.2 项目策划需包括下列主要内容：

4 资源的配置计划是确定完成项目活动所需的人力、设备、材料、技术、资金和信息等资源的种类和数量。资源配置计划根据项目工作分解结构编制。资源的配置对项目实施起着关键的作用，工程总承包企业根据项目目标，为项目配备合格的人员、足够的设施和财力等资源，以保证项目按照合同要求实施。

5 制定项目协调程序和规定，是项目策划工作中的一项重要内容，项目部与相关项目干系人之间的沟通，需在项目策划阶段予以确定，以保证项目实施过程中信息沟通及时和准确。

4.3 项目管理计划

4.3.1 项目经理需根据合同和工程总承包企业管理层的总体要求组织项目职能经理编制项目管理计划。管理计划需体现企业对项目实施的要求和项目经理对项目的总体规划和实施方案，该计划属企业内部文件不对外发放。

4.3.3 本条所列内容为项目管理计划的基本内容，各行业可根据本行业的特点和项目的规模进行调整。项目管理计划需对项目的税费筹划和组织模式进行描述。

4.4 项目实施计划

4.4.1 项目实施计划是实现项目合同目标、项目策划目标和企业目标的具体措施和手段，也是反映项目经理和项目部落实工程总承包企业对项目管理的要求。项目实施计划需在项目管理计划获得批准后，由项目经理组织项目部人员进行编制。项目实施计划需具有可操作性。

4.4.2 项目实施计划的编制依据需包括下列主要内容：

2 项目管理目标责任书的内容按照各行业和企业的特点制定。实行项目经理负责制的项目需签订项目管理目标责任书。企业管理层的总体要求是工程总承包企业管理层对项目实施目标的具体要求，要将这些要求纳入到项目实施计划中。

3 项目的基础资料包括合同、批复文件等。

4.4.3 项目实施计划的具体内容：

1 概述：

1）项目简要介绍；

2）项目范围；

3）合同类型；

4）项目特点；

5）特殊要求。

当有特殊性时，需包括特殊要求。

2 总体实施方案：

1）项目目标；

2）项目实施的组织形式；

3）项目阶段的划分；

4）项目工作分解结构；

5）项目实施要求；

6）项目沟通与协调程序；

7）对项目各阶段的工作及其文件的要求；

8）项目分包计划。

3 项目实施要点：

1）工程设计实施要点；

2）采购实施要点；

3）施工实施要点；

4）试运行实施要点；

5）合同管理要点；

6）资源管理要点；

7）质量控制要点；

8）进度控制要点；

9）费用估算及控制要点；

10）安全管理要点；

11）职业健康管理要点；

12）环境管理要点；

13）沟通和协调管理要点；

14）财务管理要点；

15）风险管理要点；

16）文件及信息管理要点；

17）报告制度。

4　项目初步进度计划需确定下列活动的进度控制点：

1）收集相关的原始数据和基础资料；

2）发表项目管理规定；

3）发表项目计划；

4）发表项目进度计划；

5）发表工程设计执行计划；

6）发表项目采购执行计划；

7）发表项目施工执行计划；

8）发表项目试运行执行计划；

9）完成工程总承包企业内部项目费用估算和预算，发表项目费用进度计划。

5 项目设计管理

5.1 一般规定

5.1.4 将采购纳入设计程序是工程总承包项目设计的重要特点之一。设计在设备、材料采购过程中一般包括下列工作：

    1 提出设备、材料采购的请购单及询价技术文件；

    2 负责对制造厂商的报价提出技术评价意见；

    3 参加厂商协调会，参与技术澄清和协商；

    4 审查确认制造厂商返回的先期确认图纸及最终确认图纸；

    5 在设备制造过程中，协助采购处理有关设计、技术问题；

    6 参与关键设备和材料的检验工作。

5.2 设计执行计划

5.2.1 设计执行计划是项目设计策划的成果，是重要的管理文件。

5.2.3 设计执行计划包含的内容可根据项目的具体情况进行调整。

5.3 设计实施

5.3.1 设计执行计划控制目标是指设计执行计划中设置的有关合同项目技术管理、质量管理、安全管理、费用管理、进度管理和资源管理等方面的主要控制指标和要求。

5.3.2 项目设计基础数据和资料是在项目基础资料的基础上整理汇总而成的，是项目设计和建设的重要基础。不同的项目合同需要的设计基础数据和资料不同。一般包括下列主要内容：

    1 现场数据（包括气象、水文、工程地质数据和其他现场数据）；

    2 原料特性分析和产品标准与要求；

    3 界区接点设计条件；

    4 公用系统及辅助系统设计条件；

    5 危险品、三废处理原则与要求；

    6 指定使用的标准、规范、规程或规定；

    7 可以利用的工程设施及现场施工条件等。

5.3.3 设计协调程序是项目协调程序中的一个组成部分，是指在合同约定的基础上进一步明确工程总承包企业与项目发包人之间在设计工作方面的关系、联络方式和报告审批制度。设计协调程序一般包括下列主要内容：

　　1　设计管理联络方式和双方对口负责人；

　　2　项目发包人提供设计所需的项目基础资料和项目设计数据的内容，并明确提供的时间和方式；

　　3　设计中采用非常规做法的内容；

　　4　设计中项目发包人需要审查、认可或批准的内容；

　　5　向项目发包人和施工现场发送设计图纸和文件的要求，列出图纸和文件发送的内容、时间、份数和发送方式，以及图纸和文件的包装形式、标志、收件人姓名和地址等；

　　6　依据合同约定，确定备品备件的内容和数量；

　　7　设备、材料请购单的审查范围和审批程序；

　　8　按合同变更程序进行设计变更管理。

　　变更包括项目发包人变更和项目变更两种类型，变更申请包括变更的内容、原因和影响范围以及审批规定等。

5.3.4 设计评审主要是对设计技术方案进行评审，有多种方式，一般分为三级：

第一级：项目中重大设计技术方案由企业组织评审；

第二级：项目中综合设计技术方案由项目部组织评审；

第三级：专业设计技术方案由本专业所在部门组织评审。

项目设计评审程序需符合工程总承包企业设计评审程序的要求。

5.3.6 为使设计文件满足规定的深度要求，需对下列设计输入进行评审。

　　1　初步设计或基础工程设计：

　　　1）项目前期工作的批准文件；

　　　2）项目合同；

　　　3）拟采用的标准规范；

　　　4）项目发包人及相关方的其他意见和要求；

　　　5）项目实施计划和设计执行计划；

　　　6）工程设计统一规定；

　　　7）工程总承包企业内部相关规定和成功的技术积累。

　　2　施工图设计或详细工程设计：

　　　1）批准的初步设计文件；

　　　2）项目合同；

　　　3）拟采用的标准规范；

　　　4）项目发包人及相关方的其他意见和要求；

　　　5）内部评审意见；

　　　6）项目实施计划和设计执行计划；

7）供货商图纸和资料；

8）工程设计统一规定；

9）工程总承包企业内部相关规定和成功的技术积累。

5.3.7 设计选用的设备、材料，除特殊要求外，不得限定或指定特定的专利、商标、品牌、原产地或供应商。

5.3.8 在施工前，组织设计交底或培训需说明设计意图，解释设计文件，明确设计对施工的技术、质量、安全和标准等要求。发现并消除图纸中的质量隐患，对存在的问题，及时协商解决，并保存相应的记录。

5.4 设 计 控 制

5.4.2 设计质量应按项目质量管理体系要求进行控制，制定控制措施。设计经理及各专业负责人应填写规定的质量记录，并向工程总承包企业职能部门反馈项目设计质量信息。设计质量控制点应包括下列主要内容：

  3 设计策划的控制包括组织、技术和条件接口关系等。

5.4.3 设计变更程序包括下列主要内容：

  1 根据项目要求或项目发包人指示，提出设计变更的处理方案；

  2 对项目发包人指令的设计变更在技术上的可行性、安全性和适用性问题进行评估；

  3 设计变更提出后，对费用和进度的影响进行评价，经设计经理审核后报项目经理批准；

  4 评估设计变更在技术上的可行性、安全性和适用性；

  5 说明执行变更对履约产生的有利或不利影响；

  6 执行经确认的设计变更。

5.4.5 请购文件需由设计人员提出，经专业负责人和设计经理确认，提交控制人员组织审核，审核通过后提交采购，作为采购的依据。

5.5 设 计 收 尾

5.5.1 关闭合同所需要的相关文件一般包括：

  1 竣工图；

  2 设计变更文件；

  3 操作指导手册；

  4 修正后的核定估算；

  5 其他设计资料、说明文件等。

5.5.3 项目设计的经验与教训反馈给工程总承包企业有关职能部门，进行持续改进。

6 项目采购管理

6.2 采购工作程序

6.2.1 采购工作需按下列程序实施：

    1 采购执行计划包括采购进度计划、物流计划、检验计划和材料控制计划。

    2 采买：

        1） 可采用招标、询比价、竞争性谈判和单一来源采购等方式进行采买。

        2） 按询比价方式进行的采买，采买工程师需按照工程总承包企业制定的标准化格式，根据项目对设备、材料的要求编制询价文件。除技术、质量和商务要求外，询价文件可根据需要增加有关管理要求，使供货商的供货行为能满足项目管理的需要。

    询价文件需包括技术文件和商务文件两部分。

    技术文件根据设计提交的请购文件编制，包括：设备、材料规格书或数据表，设计图纸，采购说明书，适用的标准规范，需供应商提交的图纸、资料清单和进度要求等。

    商务文件包括：询价函，报价须知，项目采购基本条件，对包装、运输、交付和服务的要求，报价回函和商务报价表模板等。

    询比价方式进行的采买按以下程序进行：进行供应商资格预审，确认合格供应商，编制项目询价供应商名单；编制询价文件；实施询价，接受报价；组织报价评审；必要时与供应商澄清；签订采购合同或订单。

    3 催交包括在办公室和现场进行催交。

    4 检验包括驻厂监造和出厂检验等。

    5 运输与交付包括合同约定的包装方式、运输的监督和交付。

    6 仓储管理包括开箱检验、出入库管理和不合格品处置等。

    7 现场服务管理包括采购技术服务、供货质量问题的处理、供应商专家服务的协调等。

    8 采购收尾包括订单关闭、文件归档、剩余材料处理、供应商评定、采购完工报告编制以及项目采购工作总结等。

6.3 采购执行计划

6.3.3 采购执行计划需包括下列主要内容：

3 一般设备采购招标把标段称为标包。

集中采购是指同一企业内部或同一企业集团内部的采购管理集中化的方式，即通过对同一类材料进行集中化采购来降低采购成本。

6.4 采 买

6.4.1 采买是从接受请购文件到签发订单的过程。

6.4.5 采购合同或订单的内容和格式由工程总承包企业编制。

6.5 催交与检验

6.5.1、6.5.2 催交是协调和督促供应商依据采购合同约定的进度交付文件和货物。

催交是指从订立采购合同或订单至货物交付期间为促使供货商履行合同义务，按时提交供货商文件、图纸资料和最终产品而采取的一系列督促活动。

催交工作的要点是及时发现供货进度已出现或潜在的问题，及时报告，督促供货商采取必要的补救措施，或采取有效的财务控制和其他控制措施，防止进度拖延和费用超支。当某一订单出现供货进度拖延，通过必要的协调手段和控制措施，使其对项目进度的影响控制在最小的范围内。

催交等级一般划分为 A、B、C 三级，每一等级要求相应的催交方式和频度。催交等级为 A 级的设备、材料一般每 6 周进行一次驻厂催交，并且每 2 周进行一次办公室催交。催交等级为 B 级的设备、材料一般每 10 周进行一次驻厂催交，并且每 4 周进行一次办公室催交。催交等级为 C 级的设备、材料一般可不进行驻厂催交，但需定期进行办公室催交，其催交频度视具体情况决定。会议催交视供货状态定期或不定期进行。

6.5.4 检验是通过观察和判断，必要时结合测量、试验所进行的符合性评价。

检验工作是设备、材料质量控制的关键环节。为确保设备、材料的质量符合采购合同的规定和要求，避免由于质量问题而影响工程进度和费用控制，项目采购组需做好设备、材料制造过程中的检验或监造以及出厂前的检验。

检验工作需从原材料进货开始，包括材料检验、工序检验、中间控制点检验和中间产品试验、强度试验、致密性试验、整机试验、表面处理检验直至运输包装检验及商检等全过程或部分环节。

检验方式可分为放弃检验（免检）、资料审阅、中间检验、车间检验、最终检验和项目现场检验。

6.5.6 检验人员需按规定编制驻厂监造及出厂检验报告。检验报告宜包括下列主要内容：

5 检验记录包括检验过程和目标记录、文件审查记录，以及未能目睹或未能得以证明的主要事项的记录。必要时，需附实况照片和简图。

7 检验结论中，对不符合合同要求的问题，需列出不符合项的内容，并对不符合项整改情况进行说明。如果在检验过程中有无法整改或无法消除的不符合项，需由项目经理组织相关专业人员进行论证，给出结论。

6.6 运输与交付

6.6.1 运输是将采购货物按计划安全运抵合同约定地点的活动。

运输业务是指供应商提供的设备、材料制造完工并验收完毕后，从采购合同或订单规定的发货地点到合同约定的施工现场或指定仓储这一过程中的运输、保险和货物交付等工作。

6.6.2 设备、材料的包装和运输需满足采购合同约定。在采购合同中，需包括包装规定、标识标准、多次装卸和搬运及运输安全、防护的要求。

6.6.3 超限设备是指包装后的总重量、总长度、总宽度或总高度超过国家、行业有关规定的设备。

做好超限设备的运输工作需注意下列主要内容：

1 从供应商获取准确的超限设备运输包装图、装载图和运输要求等资料。对经过的道路（铁路、公路）桥梁和涵洞进行调查研究，制定超限设备专项的运输方案或委托制定运输方案。

2 委托运输：

1) 编制完整准确的委托运输询价文件；

2) 严格执行对承运人的选择和评审程序，必要时，需进行实地考察；

3) 对运输报价进行严格的技术评审，包括方案和保证措施，签订运输合同；

4) 审查承运人提交的运输实施计划。

3 检验设备的运输包装、加固和防护等情况。

4 必要时，需进行监装、监卸和（或）监运。

5 必要时，需检查沿途的桥涵、道路的加固情况，落实港口起重能力和作业方案。

6 检查货运文件的完整、有效性。

6.6.4 国际运输是指按照与国外项目分包人（供应商或承运方）签订的进口合同所使用的贸易术语。采用各种运输工具，进行与贸易术语相应的，自装运口岸到目的口岸的国际间货物运输，并按照所用贸易术语中明确的责任范围办理相应手续，如：进口报关、商检和保险等。在国际采购和国际运输业务中，主要采用我国对外贸易中常用的装运港船上交货（FOB）、成本加运费（CFR）、成本加保险和运费（CIF）、货交承运人（FCA）、运费付至（CPT）、运费和保险费付至（CIP）等贸易术语。

6.6.6 根据设备、材料的不同类型，接收工作包括下列主要内容：

1 核查货运文件；

2 对数量（件数）进行验收；

3 检查货物和货运文件相一致；

4 检查外包装及裸装设备、材料的外观质量和标识；

5 对照清单逐项核查随货图纸、资料，并加以记录。

6.8 仓 储 管 理

6.8.1 仓储管理可由采购组或施工组负责管理。可设立相应的管理机构和岗位。

6.8.2 开箱检验以合同为依据，决定开箱检验工作范围和检验内容，进口设备、材料的开箱检验按照国家有关法律法规执行。

6.8.3 开箱检验需按合同检查设备、材料及其备品备件和专用工具的外观、数量以及随机文件等是否齐全，并做好记录。

7 项目施工管理

7.1 一般规定

7.1.2 由工程总承包企业负责施工管理的部门向项目部派出施工经理及施工管理人员，在项目执行过程中接受派遣部门和项目经理的管理，在满足项目矩阵式管理要求的形式下，实现项目施工的目标管理。

7.2 施工执行计划

7.2.4 项目部严格控制施工过程中有关工程设计和施工方案的重大变更。这些变更对施工执行计划将产生较大影响，需及时对影响范围和影响程度进行评审，当需要调整施工执行计划时，需按照规定重新履行审批程序。

7.3 施工进度控制

7.3.5 施工组对施工进度计划采取定期（按周或月）检查方式，掌握进度偏差情况，对影响因素进行分析，并按照规定提供月度施工进展报告，报告包括下列主要内容：

    1 施工进度执行情况综述；

    2 实际施工进度（图表）；

    3 已发生的变更、索赔及工程款支付情况；

    4 进度偏差情况及原因分析；

    5 解决偏差和问题的措施。

7.4 施工费用控制

7.4.1 项目部需进行施工范围规划和相应的工作结构分解，进而作出资源配置规划，确定施工范围内各类（项）活动所需资源的种类、数量、规格、品质等级和投入时间（周期）等，并作为进行施工费用估算和确定施工费用控制（支付）的基准。

7.4.3 项目部根据施工分包合同约定和施工进度计划，制定施工费用支付计划并予以控制。通常按下列程序进行：

    1 进行施工费用估算，确定计划费用控制基准。估算时，要考虑经济环境（如通货膨胀、税率和汇率等）的影响。当估算涉及重大不确定因素时，采取措施减小风险，并预留风险应急备用金。初步确定计划费用控制基准。

2 制定施工费用控制（支付）计划。在进行资源配置和费用估算的基础上，按照规定的费用核算和审核程序，明确相关的执行条件和约束条件（如许用限额、应急备用金等）并形成书面文件。

3 评估费用执行情况。对照计划的费用控制基准，确认实际发生与基准费用的偏差，做好分析和评价工作。采取措施对产生偏差的基本因素施加影响和纠正，使施工费用得到控制。

4 对影响施工费用的内外部因素进行监控，预测、预报费用变化情况，可按照规定程序作出合理调整，以保证工程项目正常进展。

7.5 施工质量控制

7.5.1 对特殊过程质量管理一般符合下列规定，并保存记录：

1 在质量计划中识别、界定特殊过程，或要求项目分包人进行识别，项目部加以确认；

2 按照有关程序编制或审核特殊过程作业指导书；

3 设置质量控制点对特殊过程进行监控，或对项目分包人控制的情况进行监督；

4 对施工条件变化而必须进行再确认的实施情况进行监督。

7.5.2 对设备、材料质量进行监督，确保合格的设备、材料应用于工程。对设备、材料质量的控制一般符合下列规定，并保存记录：

1 对进场的设备、材料按照有关标准和见证取样规定进行检验和标识，对未经检验或检验不合格的设备、材料按照规定进行隔离、标识和处置；

2 对项目分包人采购设备、材料的质量进行控制，必须保证合格的设备、材料用于工程；

3 对项目发包人提供的设备、材料依据合同约定进行质量控制，必须保证合格的设备、材料用于工程。

7.5.5 对施工过程质量进行测量监视所得到的数据，运用适宜的方法进行统计、分析和对比，识别质量持续改进的机会，确定改进目标，评审纠正措施的适宜性。采取合适的方式保证这一过程持续有效进行。

7.5.6 通过施工分包合同，明确项目分包人需承担的质量职责，审查项目分包人的质量计划与项目质量计划的一致性。

7.5.8 工程质量验收包括施工过程质量验收、工程质量预验收和竣工验收。

7.5.9 工程质量记录是反映施工过程质量结果的直接证据，是判定工程质量性能的重要依据。因此，保持质量记录的完整性和真实性是工程质量管理的重要内容。需组织或监督项目分包人做好工程竣工资料的收集、整理和归档等工作。同时，对项目分包人提供的竣工图纸和文件的质量进行评审。

7.6 施工安全管理

7.6.2 项目部进行施工安全管理策划的目的，是确定针对性的安全技术和管理措施计划，以控制和减少施工不安全因素，实现施工安全目标。策划过程包括对施工危险源的识别、风险评价和风险应对措施等的制定。

1 根据工程施工的特点和条件，识别需控制的施工危险源，它们涉及：

　　1）正常的、周期性和临时性、紧急情况下的活动；

　　2）进入施工现场所有人员的活动；

　　3）施工现场内所有的物料、设施和设备。

2 采用适当的方法，根据对可预见的危险情况发生的可能性和后果的严重程度，评价已识别的全部施工危险源，根据风险评价结果，确定重大施工危险源。

3 风险应对措施根据风险程度确定：

　　1）对一般风险通过现行运行程序和规定予以控制；

　　2）对重大风险，除执行现行运行程序和规定予以控制外，还需编制专项施工方案或专项安全措施予以控制。

7.6.7 施工记录包括施工安全记录。

7.7 施工现场管理

7.7.1 现场施工开工前的准备工作一般包括下列主要内容：

1 现场管理组织及人员；

2 现场工作及生活条件；

3 施工所需的文件、资料以及管理程序和规章制度；

4 设备、材料、物资供应及施工设施、工器具准备；

5 落实工程施工费用；

6 检查施工人员进入现场并按计划开展工作的条件；

7 需要社会资源支持条件的落实情况。

通常，需将重要的准备工作纳入施工执行计划，作为施工管理的依据。

7.7.4 项目部需落实专人负责管理现场卫生防疫工作，并检查职业健康工作和急救设施等的有效性。

8 项目试运行管理

8.1 一般规定

8.1.1 项目部在试运行阶段中的责任和义务，是依据合同约定的范围与目标向项目发包人提供试运行过程的指导和服务。对交钥匙工程，项目承包人依据合同约定对试运行负责。

8.1.3 试运行的准备工作包括：人力、机具、物资、能源、组织系统、许可证、安全、职业健康和环境保护，以及文件资料等的准备。试运行需要准备的资料包括：操作手册、维修手册和安全手册等，项目发包人委托事项及存在问题说明。

8.2 试运行执行计划

8.2.1 在项目初始阶段，试运行经理需根据合同和项目计划，组织编制试运行执行计划。

8.2.2 试运行执行计划包括下列主要内容：

    1 总体说明：项目概况、编制依据、原则、试运行的目标、进度和试运行步骤，对可能影响试运行执行计划的问题提出解决方案；

    2 组织机构：提出参加试运行的相关单位，明确各单位的职责范围，提出试运行组织指挥系统，明确各岗位的职责和分工；

    3 进度计划：试运行进度表；

    4 资源计划：包括人员、机具、材料、能源配备及应急设施和装备等计划；

    5 费用计划：试运行费用计划的编制和使用原则，按照计划中确定的试运行期限，试运行负荷，试运行产量，原材料、能源和人工消耗等计算试运行费用；

    6 培训计划：培训范围、方式、程序、时间和所需费用等；

    11 项目发包人和相关方的责任分工：通常由项目发包人领导，组建统一指挥体系，明确各相关方的责任和义务。

8.2.3 为确保试运行执行计划正常实施和目标任务的实现，项目部及试运行经理明确试运行的输入要求（包括对施工安装达到竣工标准和要求，并认真检查实施绩效）和满足输出要求（为满足稳定生产或满足使用，提供合格的生产考核指标记录和现场证据），使试运行成为正式投入生产或投入使用的前提和基础。

8.3 试运行实施

8.3.1 试运行经理需依据合同约定，负责组织或协助项目发包人编制试运行方案。试运行方案宜包括下列主要内容：

2 试运行方案的编制按照下列原则：

1) 编制试运行总体方案，包括生产主体、配套和辅助系统以及阶段性试运行安排；

2) 按照实际情况进行综合协调，合理安排配套和辅助系统先行或同步投运，以保证主体试运行的连续性和稳定性；

3) 按照实际情况统筹安排，为保证计划目标的实现，及时提出解决问题的措施和办法；

4) 对采用第三方技术或邀请示范操作团队时，事先征求专利商或示范操作团队的意见并形成书面文件，指导试运行工作正常进展。

8、9 环境保护设施投运安排和安全及职业健康要求都需包括对应急预案的要求。

9　项目风险管理

9.2　风　险　识　别

9.2.2　项目风险识别一般采用专家调查法、初始清单法、风险调查法、经验数据法和图解法等方法。

9.3　风　险　评　估

9.3.2　项目风险评估一般采用调查和专家打分法、层次分析法、模糊数学法、统计和概率法、敏感性分析法、故障树分析法、蒙特卡洛模拟分析和影响图法等方法。

9.4　风　险　控　制

9.4.2　项目风险控制一般采用审核检查法、费用偏差分析法和风险图表表示法等方法。

10　项目进度管理

10.1　一　般　规　定

10.1.3　赢得值管理技术在项目进度管理中的运用，主要是控制进度偏差和时间偏差。网络计划技术在进度管理中的运用主要是关键线路法。用控制关键活动，分析总时差和自由时差来控制进度。用控制基本活动的进度来达到控制整个项目的进度。

10.2　进　度　计　划

10.2.1　工作分解结构（WBS）是一种层次化的树状结构，是将项目划分为可以管理的项目工作任务单元。项目的工作分解结构一般分为以下层次：项目、单项工程、单位工程、组码、记账码和单元活动。通常按各层次制定进度计划。

10.2.2　进度计划不仅是单纯的进度安排，还载有资源。根据执行计划所消耗的各类资源预算值，按照每项具体任务的工作周期展开并进行资源分配。进度计划编制说明中风险分析包括经济风险、技术风险、环境风险和社会风险等。控制措施包括组织措施、经济措施和技术措施。

项目进度计划文件包括下列主要内容：

1　进度计划图表。可选择采用单代号网络图、双代号网络图、时标网络计划和隐含有活动逻辑关系的横道图。进度计划图表中宜包括测量基准、计划进度基准曲线及资源配置。

2　进度计划编制说明。包括进度计划编制依据、计划目标、关键线路说明、资源要求、外部约束条件、风险分析和控制措施。

10.2.3　项目总进度计划包括下列主要内容：

1　表示各单项工程的周期，以及最早开始时间，最早完成时间，最迟开始时间和最迟完成时间，并表示各单项工程之间的衔接；

2　表示主要单项工程设计进度的最早开始时间和最早完成时间，以及初步设计或基础工程设计完成时间；

3　表示关键设备、材料的采购进度计划，以及关键设备、材料运抵现场时间。关键设备、材料主要是指供货周期长和贵重材质的设备和材料；

4　表示各单项工程施工的最早开始时间和最早完成时间，以及主要单项施工分包工程的计划招标时间；

5　表示各单项工程试运行时间，以及供电、供水、供汽和供气时间，包括外部供给时间和内部单项（公用）工程向其他单项工程供给时间。

项目分进度计划是指项目总进度下的各级进度计划。

10.2.4 项目经理审查包括下列主要内容：

1 合同中规定的目标和主要控制点是否明确；

2 项目工作分解结构是否完整并符合项目范围要求；

3 设计、采购、施工和试运行之间交叉作业是否合理；

4 进度计划与外部条件是否衔接；

5 对风险因素的影响是否有防范对策和应对措施；

6 进度计划提出的资源要求是否能满足；

7 进度计划与质量、安全和费用计划等是否协调。

10.3　进　度　控　制

10.3.3 进度偏差分析需按下列程序进行：

1 进度偏差运用赢得值管理技术分析，直观性强，简单明了，但它不能确定进度计划中的关键线路，因此不能用赢得值管理技术取代网络计划分析。

2 在活动滞后时间预测可能影响进度时，运用网络计划中的关键活动、自由时差和总时差来分析对进度的影响。

进度计划工期的控制原则如下：

1） 在计划工期等于合同工期时，进度计划的控制符合下列规定：

① 在关键线路上的活动出现拖延时，调整相关活动的持续时间或相关活动之间的逻辑关系，使调整后的计划工期为原计划工期；

② 在活动拖延时间小于或等于自由时差时，计划工期可不作调整；

③ 在活动拖延时间大于自由时差，但不影响计划工期时，根据后续工作的特性进行处理。

2） 在计划工期小于合同工期时，若需要延长计划工期，不得超过合同工期。

3） 在活动超前完成影响后续工作的设备材料、资金和人力等资源的合理安排时，需消除影响或放慢进度。

10.3.4 项目进度执行报告包含当前进度和产生偏差的原因，并提出纠正措施。

10.3.7 项目部对设计、采购、施工和试运行之间的接口关系进行重点监控。

1 在设计与采购的接口关系中，对下列主要内容的接口进度实施重点控制：

1） 设计向采购提交请购文件；

2） 设计对报价的技术评审；

3） 采购向设计提交订货的关键设备资料；

4） 设计对制造厂图纸的审查、确认和返回；

5） 设计变更对采购进度的影响。

2 在设计与施工的接口关系中，对下列主要内容的接口进度实施重点控制：

1）施工对设计的可施工性分析；

2）设计文件交付；

3）设计交底或图纸会审；

4）设计变更对施工进度的影响。

3　在设计与试运行的接口关系中，对下列主要内容的接口进度实施重点控制：

1）试运行对设计提出试运行要求；

2）设计提交试运行操作原则和要求；

3）设计对试运行的指导与服务，以及在试运行过程中发现有关设计问题的处理对试运行进度的影响。

4　在采购与施工的接口关系中，对下列主要内容的接口进度实施重点控制：

1）所有设备、材料运抵现场；

2）现场的开箱检验；

3）施工过程中发现与设备、材料质量有关问题的处理对施工进度的影响；

4）采购变更对施工进度的影响。

5　在采购与试运行的接口关系中，对下列主要内容的接口进度实施重点控制：

1）试运行所需材料及备件的确认；

2）试运行过程中发现的与设备、材料质量有关问题的处理对试运行进度的影响。

6　在施工与试运行的接口关系中，对下列主要内容的接口进度实施重点控制：

1）施工执行计划与试运行执行计划不协调时对进度的影响；

2）试运行过程中发现的施工问题的处理对进度的影响。

10.3.8　项目分包人依据合同约定，定期向项目部报告分包工程的进度。

11　项目质量管理

11.1　一　般　规　定

11.1.3　质量管理人员（包括质量经理、质量工程师）在项目经理领导下，负责质量计划的制定和监督检查质量计划的实施。项目部建立质量责任制和考核办法，明确所有人员的质量管理职责。

11.2　质　量　计　划

11.2.1　小型项目的质量计划可并入项目计划。

11.2.4　项目质量计划需包括下列主要内容：

　　3　所需的文件包括项目执行的标准规范和规程。

　　4　采取的措施包括项目所要求的评审、验证、确认监视、检验和试验活动。

　　项目质量计划的某些内容，可引用工程总承包企业质量体系文件的有关规定或在规定的基础上加以补充，但对本项目所特有的要求和过程的质量管理必须加以明确。

11.3　质　量　控　制

11.3.1　项目部确定项目输入的控制程序或有关规定，并规定对输入的有效性评审的职责和要求，以及在项目部内部传递、使用和转换的程序。

11.3.2　项目部在设计、采购、施工和试运行接口关系中对质量实施重点监控。

　　1　在设计与采购的接口关系中，对下列主要内容的质量实施重点控制：

　　　　1）请购文件的质量；

　　　　2）报价技术评审的结论；

　　　　3）供应商图纸的审查、确认。

　　2　在设计与施工的接口关系中，对下列主要内容的质量实施重点控制：

　　　　1）施工向设计提出要求与可施工性分析的协调一致性；

　　　　2）设计交底或图纸会审的组织与成效；

　　　　3）现场提出的有关设计问题的处理对施工质量的影响；

　　　　4）设计变更对施工质量的影响。

　　3　在设计与试运行的接口关系中，对下列主要内容的质量实施重点控制：

　　　　1）设计满足试运行的要求；

　　　　　　　　　　　　　　　　　　　　　　　工程总承包管理必读

2）试运行操作原则与要求的质量；

3）设计对试运行的指导与服务的质量。

4 在采购与施工的接口关系中，对下列主要内容的质量实施重点控制：

1）所有设备、材料运抵现场的进度与状况对施工质量的影响；

2）现场开箱检验的组织与成效；

3）与设备、材料质量有关问题的处理对施工质量的影响。

5 在采购与试运行的接口关系中，对下列主要内容的质量实施重点控制：

1）试运行所需材料及备件的确认；

2）试运行过程中出现的与设备、材料质量有关问题的处理对试运行结果的影响。

6 在施工与试运行的接口关系中，对下列主要内容的质量实施重点控制：

1）施工执行计划与试运行执行计划的协调一致性；

2）机械设备的试运转及缺陷修复的质量；

3）试运行过程中出现的施工问题的处理对试运行结果的影响。

11.3.3 没有设置质量经理的项目部，质量经理的工作由项目质量工程师完成。

不合格指产品质量的不合格品，不符合指管理体系运行的不符合项。

不合格品的控制符合下列规定：

1 对验证中发现的不合格品，按照不合格品控制程序规定进行标识、记录、评价、隔离和处置，防止非预期的使用或交付；

2 不合格品处置结果需传递到有关部门，其责任部门需进行不合格原因的分析，制定纠正措施，防止今后产生同样或同类的不合格品；

3 采取的纠正措施经验证效果不佳或未完全达到预期的效果时，需重新分析原因，进行下一轮计划、实施、检查和处理。

11.3.4 质量记录包括：评审记录和报告、验证记录、审核报告、检验报告、测试数据、鉴定（验收）报告、确认报告、校准报告、培训记录和质量成本报告等。

12 项目费用管理

12.1 一般规定

12.1.3 费用控制与进度控制、质量控制相互协调，防止对费用偏差采取不当的应对措施，而对质量和进度产生影响，或引起项目在后期出现较大风险。

12.2 费用估算

12.2.1 估算是为完成项目所需的资源及其所需费用的估计过程。在项目实施过程中，通常应编制初期控制估算、批准的控制估算、首次核定估算和二次核定估算。

估算，国际惯例的理解与国内所使用的含义不同。国内项目费用估算分为可行性研究报告或项目建议书投资估算、初步设计概算和施工图预算。而且上述估算、概算、预算通常指整个项目的投资总额，包括项目发包人负担的其他费用，例如建设单位管理费、试运行费等。国际惯例项目实施各阶段的费用估算都使用估算，在估算前加定义词以示区别，例如报价估算、初期控制估算、批准的控制估算和核定估算等。

本规范所指的估算和预算，仅指合同项目范围内的费用，不包括项目发包人负担的其他费用。

国际上通用项目费用估算有下列几种：

1 初期控制估算

初期控制估算是一种近似估算，在工艺设计初期采用分析估算法进行编制。在仅明确项目的规模、类型以及基本技术原则和要求等情况下，根据企业历年来按照统计学方法积累的工程数据、曲线、比值和图表等历史资料，对项目费用进行分析和估算，用作项目初期阶段费用控制的基准。

2 批准的控制估算

批准的控制估算的偏差幅度比初期控制估算的偏差幅度要小，在基础工程设计初期，用设备估算法进行编制。编制的主要依据是以工程项目所发表的工艺设计文件中得到已确定的设备表、工艺流程图和工艺数据，基础工程设计中有关的设计规格说明书（技术规定）和材料一览表，以及根据企业积累的工程经验数据等，结合项目的实际情况进行选取和确定各种费用系数，主要用作基础工程设计阶段的费用控制基准。

3 首次核定估算

此估算在基础工程设计完成时用设备详细估算法进行编制。首次核定估算偏差幅度比批准的控制估算的偏差幅度要小，用作详细工程设计阶段和施工阶段的费用控制基准。它依据的文件和资料是基础工程设计完成时发表的设计文件。由于文件深度原因，有的散装材料还需用系数估算有关费用。

首次核定估算的编制阶段与设计概算的编制阶段的设计条件比较接近，具体编制时可参照国内相关的初步设计概算编制规定。

4 二次核定估算

此估算在详细工程设计完成时用详细估算法进行编制，主要用以分析和预测项目竣工时的最终费用，并可作为工程施工结算的基础。它与施工图预算的编制的设计条件比较接近。设备和材料的价格采用订单上的价格。二次核定估算是偏差幅度最小的估算。编制依据为：

1）工程详细设计图纸；
2）设备、材料订货资料以及项目实施中各种实际费用和财务资料；
3）企业定额；
4）国家相关计价规范。

12.4 费 用 控 制

12.4.1 费用控制是工程总承包项目费用管理的核心内容。工程总承包项目的费用控制不仅是对项目建设过程中发生费用的监控和对大量费用数据的收集，更重要的是对各类费用数据进行正确分析并及时采取有效措施，从而达到将项目最终发生的费用控制在预算范围之内。

12.4.2 预算是把批准的控制估算分配到记账码及单元活动或工作包，并按进度计划进行叠加，得出费用预算（基准）计划。

预算，国际惯例的理解与国内所使用的含义亦不相同。国内在施工图设计中使用预算；国际惯例通常是将经过批准的控制估算称为预算，且该预算是指按 WBS 进行分解和按进度进行分配了的控制估算。

12.4.3 确定项目费用控制目标后，需定期（宜以每月为控制周期）对已完工作的预算费用与实际费用进行比较，实际值偏离预算值时，分析产生偏差的原因，采取适当的纠偏措施，以确保费用目标的实现。

13 项目安全、职业健康与环境管理

13.2 安全管理

13.2.2 项目部需根据项目的安全管理目标，制定项目安全管理计划，并按规定程序批准实施。项目安全管理计划需包括下列主要内容：

3 危险源及其带来的安全风险是项目安全管理的核心。工程总承包项目的危险源，从下列几个方面辨识：

1）项目的常规活动，如正常的施工活动；

2）项目的非常规活动，如加班加点，抢修活动等；

3）所有进入作业场所人员的活动，包括项目部成员，项目分包人，监理及项目发包人代表和访问者的活动；

4）作业场所内所有的设施，包括项目自有设施，项目分包人拥有的设施，租赁的设施等。

编制危险源清单有助于辨识危险源，及时采取措施，减少事故的发生。该清单在项目初始阶段进行编制。清单的内容一般包括：危险源名称、性质、风险评价和可能的影响后果，需采取的对策或措施。

危险源辨识、风险评估和实施必要措施的程序如图 2 所示。

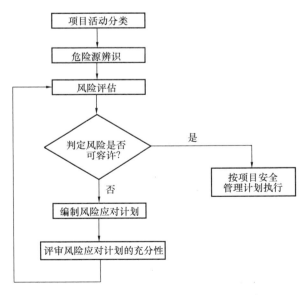

图 2 危险源辨识、风险评估与实施程序

13.2.3 项目部需对项目安全管理计划的实施进行管理。包括下列主要内容：

1 工程总承包企业最高管理者、企业各部门和项目部都为实施、控制和改进项目安全管理计划提供必要的人力、技术、物资、专项技能和财力等资源；

2 保证项目部人员和分包人等正确理解安全管理计划的内容和要求。

13.2.4 项目安全管理需贯穿于设计、采购、施工和试运行各阶段。

1 设计需满足项目运行使用过程中的安全以及施工安全操作和防护的需要，依规进行工程设计。

    1）设计需保证项目本质安全，配合项目发包人报请当地安全、消防等机构的专项审查，确保项目实施及运行使用过程中的安全；

    2）设计考虑施工安全操作和防护的需要，对涉及施工安全的重点部位和环节在设计文件中注明，并对防范安全事故提出指导意见；

    3）采用新结构、新材料、新工艺的建设工程和特殊结构、特种设备的项目，在设计中提出保障施工作业人员安全和预防安全事故的措施建议。

2 项目采购对自行采购和分包采购的设备、材料和防护用品进行安全控制。采购合同包括相关安全要求的条款，并对供货、检验和运输安全作出明确规定。

3 施工阶段的安全管理需结合行业及项目特点，对施工过程中可能影响安全的因素进行管理。

4 项目试运行前，需对各单项工程组织安全验收。制定试运行安全技术措施，确保试运行过程的安全。

14 项目资源管理

14.1 一般规定

14.1.2 项目资源优化是项目资源管理目标的计划预控，是项目计划的重要组成部分，包括资源规划、资源分配、资源组合、资源平衡和资源投入的时间安排等。

14.3 设备材料管理

14.3.2 项目部对拟进场的工程设备、材料进行检验，项目采购经理负责组织对到场设备、材料的到货状态当面进行核查、记录，办理交接手续。进场的设备、材料必须做到货物的型号、外观质量、数量和包装质量等各方面合格，资料齐全、准确。对检验验收过程中发现的不合格品实施有效的控制，并对待检设备、材料进行有效的防护和保管。

14.4 机具管理

14.4.1 项目机具是指实施工程所需的各种施工机具、试运转工器具、检验与试验设备、办公用器具和项目部需要直接使用的其他设备资源。不包括移交给项目发包人的永久性工程设施。

14.5 技术管理

14.5.3 工程总承包企业对项目有关著作权、专利权、专有技术权、商业秘密权和商标专用权等知识产权进行管理，同时尊重并合法使用他人的知识产权。

14.6 资金管理

14.6.6 项目部对项目资金的收入和支出进行合理预测，对各种影响因素评估，调整项目管理行为，尽可能地避免资金风险。

15　项目沟通与信息管理

15.1　一　般　规　定

15.1.2　采用基于计算机网络的现代信息沟通技术进行项目信息沟通，并不排除面对面的沟通及其他沟通方式。

15.1.4　项目信息管理人员一般包括信息技术管理工程师（IT 工程师）和文件管理控制工程师，后者有时可由项目秘书兼任。

15.2　沟　通　管　理

15.2.1　项目沟通的内容包括项目建设有关的所有信息，项目部需做好与政府相关主管部门的沟通协调工作，按照相关主管部门的管理要求，提供项目信息，办理与设计、采购、施工和试运行相关的法定手续，获得审批或许可。做好与设计、采购、施工和试运行有直接关系的社会公用性单位的沟通协调工作，获取和提交相关的资料，办理相关的手续及审批。

15.2.2　沟通可以利用下列方式和渠道：

1　信息检索系统：包括档案系统、计算机数据库、项目管理软件和工程图纸等技术文件资料；

2　工作分解结构（WBS）。项目沟通与工作分解结构有着重要联系，可利用工作分解结构来编制沟通计划；

3　信息发送系统：包括会议纪要、文件、电子文档、共享的网络电子数据库、传真、电子邮件、网站、交谈和演讲等。

15.3　信　息　管　理

15.3.5　项目编码系统通常包括项目编码（PBS）、组织分解结构（OBS）编码、工作分解结构（WBS）编码、资源分解结构（RBS）编码、设备材料代码、费用代码和文件编码等。项目信息分类考虑分类的稳定性、兼容性、可扩展性、逻辑性和实用性。项目信息的编码考虑编码的唯一性、合理性、包容性和可扩充性并简单适用。

15.4　文　件　管　理

15.4.1　项目的文件和资料包括分包项目的文件和资料，在签订分包合同时需明确分包工程文件和资料的移交套数、移交时间、质量要求及验收标准等。工程资料的形成需与项目实施同步。分包工程完工后，项目分包人将有关工程资料依据合同约定移交。

15.4.2 项目数据、文字、表格、图纸和图像等信息，宜以电子化的形式存储。对具有法律效力的项目文档，需以纸质和电子化形式双重存储。

15.5 信息安全及保密

15.5.2 工程总承包企业需制定信息安全与保密管理程序、规定和措施，以保证文件、信息的安全，防止内部信息和领先技术的失密与流失，确保企业在市场中的竞争优势，包括下列主要工作：

    1 确保数据库的同步备份和异地灾害备份，避免项目信息数据的丢失；

    2 采用防火墙、数据加密等技术手段，防止被非法、恶意攻击、篡改或盗取；

    3 控制系统用户的权限，防止项目数据信息被不当利用或滥用。

16 项目合同管理

16.1 一 般 规 定

16.1.2 工程总承包合同管理是指对合同订立并生效后所进行的履行、变更、违约、索赔、争议处理、终止或结束的全部活动的管理；分包合同管理是指对分包项目的招标、评标、谈判、合同订立，以及生效后的履行、变更、违约、索赔、争议处理、终止或结束的全部活动的管理。

16.2 工程总承包合同管理

16.2.2 工程总承包合同管理宜包括下列主要内容：

1 完整性和有效性是指合同文本的构成是否完整，合同的签署是否符合要求。

2 组织熟悉和研究合同文件，是项目经理在项目初始阶段的一项重要工作，是依法履约的基础。其目的是澄清和明确合同的全面要求并将其纳入项目实施过程中，避免潜在未满足项目发包人要求的风险。

16.2.7 项目部及合同管理人员依据合同约定及相关证据，对合同当事人及相关方承担的违约责任和（或）连带责任进行澄清和界定，其结果需形成书面文件，以作为受损失方用于获取补偿的证据。

16.2.9 项目合同文件管理需符合下列要求：

2 合同管理人员在履约中断、合同终止和（或）收尾结束时，做好合同文件的清点、保管或移交以及归档工作，满足合同相关方的需求。

16.2.10 合同收尾工作需符合下列要求：

1 当合同中没有明确规定时，合同收尾工作一般包括：收集并整理合同及所有相关的文件、资料、记录和信息，总结经验和教训，按照要求归档，实施正式的验收。依据合同约定获取正式书面验收文件。

16.3 分包合同管理

16.3.5 项目部需明确各类分包合同管理的职责。各类分包合同管理的职责如下：

1 设计：依据合同约定和要求，明确设计分包的职责范围，订立设计分包合同，协调和监督合同履行，确保设计目标和任务的实现；

2 采购：依据合同约定和要求，明确采购和服务的范围，订立采购分包合同，监督合同的履行，完成项目采购的目标和任务；

3 施工：依据合同约定和要求，在明确施工和服务职责范围的基础上，订立施工分包合同，监督和协调合同的履行，完成施工的目标和任务；

4 其他咨询服务：根据合同的需要，明确服务的职责范围，签订分包合同或协议，监督和协调分包合同或协议的履行，完成规定的目标和任务；

5 项目部对所有分包合同的管理职责，均与总承包合同管理职责协调一致，同时还需履行分包合同约定的项目承包人的责任和义务，并做好与项目分包人的配合与协调，提供必要的方便条件。

16.3.6 项目部可根据工程总承包项目的范围、内容、要求和资源状况等进行分包，分包方式根据项目实际情况确定。如果采用招标方式，其主要内容和程序需符合下列要求：

1 项目部需做好分包工程招标的准备工作，内容包括：

    1） 依据合同约定和项目计划要求，制定分包招标计划，落实需要的资源配置；

    2） 确定招标方式；

    3） 组织编制招标文件；

    4） 组建评标、谈判组织；

    5） 其他有关招标准备工作。

2 按照计划组织实施招标活动，内容包括：

    1） 按照规定的招标方式发布通告或邀请函；

    2） 对投标人进行资格预审或审查，确定合格投标人，发售招标文件；

    3） 组织招标文件的澄清；

    4） 接受合格投标人的投标书，并组织开标；

    5） 组织评标、决标；

    6） 发出中标通知书。

16.3.12 分包合同变更有下列两种情况：

1 项目部根据项目情况和需要，向项目分包人发出书面指令或通知，要求对分包范围和内容进行变更，经双方评审并确认后构成分包合同变更，按照变更程序处理；

2 项目部接受项目分包人书面的合理化建议，对其在技术性能、质量、安全维护、费用、进度和操作运行等方面的作用及产生的影响进行澄清和评审，确认后，构成分包合同变更，按照变更程序处理。

16.3.14 分包合同收尾纳入整个项目合同收尾范畴。

17　项　目　收　尾

17.4　项　目　总　结

17.4.1　项目总结报告需包括下列主要内容：

    1　项目概况及执行效果；

    2　报价及合同管理的经验和教训；

    3　项目管理工作的情况；

    4　项目的质量、安全、费用、进度的控制和管理情况；

    5　设计、采购、施工和试运行实施结果；

    6　项目管理最终数据汇总；

    7　项目管理取得的经验与教训；

    8　工作改进的建议。

图书在版编目(CIP)数据

工程总承包管理必读 ＝ EPC PROJECT MANAGEMENT PERSONNEL：A PRIMER / 李森等著. — 北京：中国建筑工业出版社，2022.7

ISBN 978-7-112-27450-5

Ⅰ. ①工… Ⅱ. ①李… Ⅲ. ①建筑工程—承包工程—工程管理 Ⅳ. ①TU71

中国版本图书馆 CIP 数据核字(2022)第 095290 号

责任编辑：万　李　张　磊
责任校对：李美娜

工程总承包管理必读

EPC PROJECT MANAGEMENT PERSONNEL：　A PRIMER

李　森　陈　翔　等/著

*

中国建筑工业出版社出版、发行（北京海淀三里河路 9 号）

各地新华书店、建筑书店经销

北京红光制版公司制版

河北鹏润印刷有限公司印刷

*

开本：787 毫米×1092 毫米　1/16　印张：15¾　字数：302 千字

2022 年 8 月第一版　　2022 年 8 月第一次印刷

定价：**58.00** 元

ISBN 978-7-112-27450-5

（39114）